Web 2.0の鼓動

これならわかる
これならできる

荒井 久

風雲舎

Web2・0の鼓動

まえがき

「フランスから来る男友達が表参道《おもてさんどう》付近で５０００円くらいのホテルを探しています。どなたか知りませんか」「長野県佐久の山中にログハウスを作りたい。一緒にやりませんか」「千葉県浦安市にできたスーパー銭湯の体験談を知りたい」

そんな呼びかけが簡単にできる、会員制のネット交流サービスが盛んになってきた。

ＳＮＳ（ソーシャル・ネットワーキング・サービス）という仕組みがそれだ。日本でそのトップを走るのがｍｉｘｉ（ミクシィ）で会員数は２００６年７月に５００万人を超えた。その前の半年で会員数を倍増させ、２００６年9月14日に東証マザーズに株式を上場した。それに似たＧＲＥＥ（グリー）の会員数はまだ約60万人だが、２００６年7月31日にＫＤＤＩが資本参加した。こうしたいくつかのＳＮＳの会員数の合計は現在、延べ約９００万人にも及ぶ。

だが、人口が日本の約2倍とはいえ米国はその一桁《けた》上をいく。米国ＳＮＳトップのマイスペース・ドット・コムの会員数はなんと５０００万人を超えた。ＳＮＳ会員数の合計は延べ１億４０００万人を超える。当然ながら、その使い方も日本の２年先をいく。

まえがき

パソコンが普及し、ほとんどの人がネットにつながったことで、最初に大きな波が訪れたのは、テレビにも似た「一斉同報機能」のためだった。さまざまな情報をネットにつながったパソコンに一斉に伝えることができることになったわけだが、テレビと異なるところは、それぞれが双方でやり取りできることだ。ヤフーや楽天といったネット事業者は「ポータル」と呼ぶネット上の自社の玄関口に、さまざまな情報の窓口を作り、多くの人を集めてビジネスを成功に導いた。

いわばそれらは、ネット利用の第一波だった。米国よりも2年遅れて1999年のことだった。東京・渋谷に多くのネット起業が発生した。そのにぎわいが明けた2000年2月、私は『ビットバレーの鼓動』(日経BP企画発行)という著書を緊急出版した。

その後、米国発の「ネットバブルの崩壊」で、ネット・ビジネスの脆弱《ぜいじゃく》さを見せつけられたが、あれは一種の試練だった。多くの企業は選別され、しっかりとしたビジネス・モデルを持つ企業だけが成長を遂げた。

あれから6年、今、ネット利用の第二波が訪れている。SNSの普及で、ポータル対個人という利用よりも、個人対個人に利用の輪が広がっている。極めて多くの個人が自分の情報サイト(ブログ)を持ち、それぞれが情報を発信し、仲間と情報を共有し、社会や企業を動かす存在になってきた。「個は万人のために」「万人は個のために」。そんなこともごく簡単だ。「集団の知恵」を即座に活かせる社会が見えてきた。

米国ＩＴ系出版社のＣＥＯ（最高経営責任者）であるティム・オライリーは、このネットの第二波を「Ｗｅｂ２・０」と名付けた。２００５年10月のことだが、このワードは瞬《また》く間に世界中に広がった。今や、日本でも一般用語になった。それどころか、Ｗｅｂ２・０のコンセプトに基づいたビジネスが、日本中に大きく息づいてきた。まさに、「Ｗｅｂ２・０の鼓動」が高まっている。

その背景には、さまざまなソフトやサービスの無料化、ハードなどの安価革命《チープ》がある。多くの人は気軽にケータイやパソコンを持ち、使いこなすようになってきた。ｍｉｘｉの使われ方は出会いサイトだらけと顔をしかめる向きもあるが、月間閲覧数は２００６年３月の15億回から６月には25億回となり、楽天のそれを追い抜いた。しかも、サイトでの滞在時間がヤフーや楽天よりも長いのが特徴だ。まだまだ脆弱な仕組みだが、その鼓動《ビート》に、Ｗｅｂ２・０の風を感じざるを得ない。

その結果、人々のネットとの接触時間は、新聞・雑誌はもとより、テレビまでも抜いたといわれだした。ネット広告が急速に伸びているのは、その証左であろう。２００４年にラジオ広告市場を抜いた。そして、2007年には雑誌を、2011年には新聞を抜くことになりそうだ。

ネット広告の評価が高いのは、的《まと》を絞った広告が打てる上に、広告を見た利用者がネットですぐに行動を起こしやすいからだ。利用者のネットとの接触時間が急速に増えていることも後押ししている。また、ネットを通じた「口コミ」による波及効果のすごさもある。ネットの進化が「口コミ」を促し、利用者、参加者、消費者の立場を一気に押し上げた。

こうしたネットの進化に伴《ともな》うエネルギーがIT業界はもとより、産業界全体の変革を促《うなが》しているのではないか。私はこのところ、そんな大波の到来と鼓動を強く感じている。

ネットの主権は、特定の人物ではなく、企業でもベンダーでもなく、ネットに参加するすべての個人に移った。少なくともすべてが「フラット」に近い関係になった。それが、Web2・0の真髄《しんずい》だ。

「物」や「サービス」を提供するベンダーと、それを利用するユーザーが同じネット、同じ土俵の中にいる。その結果、新製品、新サービスの開発では、時としてユーザーがベンダーの役目を果たす。メディアでは、ジャーナリストに代わって受け手であるユーザー自身が情報を発信したりする。

個人主体のブログではなく、商品ごとに立ち上げたブログ形式の情報サイトが消費者の話題を呼び、売上増に結び付けている企業もある。そうしたサイトに書き込まれた消費者の意見が、新規顧客の獲得に威力を発揮しているわけだ。経営者自らがネットに触れることで、その必要性の認識も深まる。

一方で、ネットに絡《から》む犯罪も急増している。リアルな社会が置き換わりつつあるのだから、必然的な流れではある。さらに怖いのは、情報操作という目に見えない犯罪である。リアルな社会以上の怖さを持つ。今後のネットの発展には、そのための監視機能の充実が必要だ。

Ｗｅｂ２・０で便利な社会が生まれる。その一方で、その便利さがあだとなってさまざまな犯罪が生まれやすい。今後はそうした犯罪との戦いが続く。私は、その犯罪との戦いに勝つ仕組みが整《ととの》った時、その新たな仕組みや環境がＷｅｂ３・０だろうと予測している。

２００６年９月11日

荒井　久

Web2・0の鼓動　〈目次〉

第2章　みんなつながった

第3章　何もかも無料に向かっている

第4章　なぜ無料になるのか

第5章　巨大化するグーグルのサービス

第6章　産業構造はこう変わる

第7章　どんな未来を拓くか

装幀――川畑　博昭

第1章

ネットはこう使われだした

Ｗｅｂ２・０はローカル化も進める

「『川口市の有名なもの』という宿題を出され、これについて書かなくてはならなくなりました」

「どこに行って何を調べたらいいのか、だれか、教えてください」

小学生からか、中学生からか、そんな質問が「**ｍｉｘｉ**」に流れた。

ｍｉｘｉは**ネット**を通じて情報をやり取りする、**ネットコミュニティ**と呼ばれるものの一つ。２年ほど前に日本で始まったが、すでに２００６年２月に会員が３００万人を超え、同７月には５００万人を超えた。ｍｉｘｉについては、その利用者の質や使われ方を疑問視する向きもあるが、こんなやり取りもある。

質問が流れたのは「みんな集まれ！　川口市」のコミュニティだった。すると「ここに行け、あれを調べろ、だれそれに聞け」など、瞬く間に大量の返事が集まった。

《用語解説》
説明の後に（ＷＰ）とあるのは、ネット上の百科事典「ウィキペディア」の解説を元に編集しました。

ｍｉｘｉ
株式会社ミクシィが運営する、国内最大級のシェアを持つソーシャル・ネットワーキング・サービス（ＳＮＳ）。２００４年２月にオープンし、２００６年７月24日には利用者数は５００万人を突破した（ＷＰ）。

ネット
ネットワークの略。ここでは主としてインターネットを指す。

ネットコミュニティ
インターネットのアプリケーションを通じて利用者間でメッセージのやり取りを行って議論したり交流を行う仮想的な場（コミュニティ）の総称（ＷＰ）。

キューポラがあった、鋳物《いもの》の町だった川口市。もしかして、宿題を出したほうには「そんな歴史を忘れて欲しくない」という想いがあったのかもしれない。いまだに「鋳物」のような「熱い」ものが残っている。

質問者は「ありがとうございました。助かりました」と返事を書いた。するとすかさず、誰かがそれにも返事。

「みんなにお世話になったんだから、どんなふうになったか、報告するんだぞ」

この話は、ネットのすごさを見せつけてくれる。さらに、ネットを使ってみんなで子供の「心」を育てている。「長屋住まい」のような良さを示してくれている。良い話だ。後述するが、私はこれが「**Ｗｅｂ２・０**」の真髄ではないかと思っている。

もう一つ、注目すべきことがある。それはネットの持つ地域性、ローカル化だ。このｍｉｘｉも全国規模のネットコミュニティだが、この例に見られるように、しっかりと地域に根を張っている。

キューポラ
鉄を溶解する溶銑炉のこと。かつて多くのキューポラが存在した埼玉県川口市が有名。川口市の代名詞になっている。

Ｗｅｂ２・０
米国のＩＴ系出版社のＣＥＯであるティム・オライリー氏が名付けた第２世代のＷｅｂの利用形態。個人個人が尊重されて、お互いの情報交流が新しいネット利用の時代を拓くとされている。

日常の生活や仕事に、私たちにとって「地域」は切っても切れない関係がある。そこにはさまざまな情報が必要だ。新聞に地域特有のチラシ広告が入るように、地域ごとに必要な情報はますます増える。「ローカル化」にネットが活躍しだした。

ネットは距離を越え、時間を越えてお互いを結び付けるが、意外と隣同士、あるいは同居しているもの同士にも便利に使われ始めた。

「大先生」はもういらない

「これまで、大ヒットしてきた著名先生の料理レシピのムックが売れなくなった」

大手出版社の担当者に聞いた話だ。「ムック」とは、マガジン（雑誌）とブック（本）の造語で、通常号のマガジンに加えて、あるテーマに焦点を当てた特集号を出すことがある。その際に出版社がよく使う手だ。

料理ムックが売れなくなったのかと思いきや、そうではなかった。「著名先生」に代えて、読者による「私の料理レシピ集」にしたら、どっと売れたのだという。売れる、売れないの決め手が「大先生」から「仲間」に移ったわけだ。

どうやら私たちは、ネットの普及で「お上からの」「大先生からの」「権威からの」「年長者からの」「上司からの」「権力からの」情報にすっかり飽きてしまったようなのだ。料理ムックにしても、具体的に大先生が嫌いになったわけではなく、一般論として「大先生」や「権威」を好まなくなったのだ。

「大先生」よりも、あまたの「仲間」のレシピに注目が集まる。どうやら、ネットの普及がそのことを後押ししたようだ。新聞やテレビの広告などに見られる「先生や権威」からのコメントよりも、仲間からの「**口コミ**」が優先される。

「**ブログ**」（ネットにある日記形式の、主として個人情報）の影響かもしれない。ネットを通じて、「口コミ」で瞬時に情報が広がる。**メディア**は新聞、テレビという巨大メディアから、「口コミ」という巨大メディアにシフトしつつあると見ていいようだ。「個人がメディア」という時代がやってきた。それが「W

口コミ
噂のうち物事の評判などに関すること。インターネット上での評判も含む。マスコミとの対比的に生まれた言葉であり、『口頭でのコミュニケーション』の略とみられる（ＷＰ）。

ブログ
狭義にはウェブページのＵＲＬとともに覚え書きや論評などを加え記録（ＬＯＧ）しているＷｅｂサイト。広義には作者の個人的な体験や日記、特定のトピックに関する、必ずしもＷｅｂに限定されない話題を含むＷｅｂサイト全般（ＷＰ）。

メディア
情報の記録、伝達、保管などに用いられる物や装置のこと。媒体、情報媒体などと訳されることもある。例えばＣＤ、手紙、電話、テレビなどは音楽、文章、声や映像などの情報を伝達するのに用いられるが、この意味でメディアと呼ばれる（ＷＰ）。

eb2・0」による「集団の知恵」の活用である。

「上から下へ」ではなく、限りなくフラットな立場で、フラットな関係の中から、自分の責任で情報を選ぶ、吟味するという、大きな流れが出てきたと思えてならない。その時に求められるのが「より透明」な情報だろう。

「口コミ」をいち早く取り込め

「口コミ」の重要さを早くから認識して、そのための手を打ってきたのが**日産自動車**だろう。

同社は、自社生産の車種ごとに独立した**ホームページ**を用意している。その中に「ユーザーボイス」というコンテンツ（情報コーナー）がある。それぞれの車種について、購入者が乗り心地、安全性、主な用途、それに年齢などのパーソナルデータを、アンケート形式で投稿してもらっている。

投稿すると、一つの投稿ごとに一つ一つの画面でアンケート結果や購入者の感

日産自動車
日産自動車株式会社。日本シェア2位の自動車メーカー。通称「日産」、英語表記「NISSAN」。カルロス・ゴーン社長のもとで業績を大きく回復した（WP）。

ホームページ
ホームページは、おおよそ以下のように分類できる。①Webブラウザを起動した時や、多くのブラウザに存在するホームボタンを押した時に表示されるWebページ。スタートページともいわれる。②Webサイトの入り口、最上位階層にあたるページ。そのWebサイトにとってのホーム。トップページともいわれる。また、スタートページをこの意味で使う場合もある。③Webページの意。あらゆるWebページ一般を指す。④Webサイトの意（WP）。

想などが表示される。それぞれの項目ごとに見やすく整理されており、購入検討者には大事な情報源だ。権威の話でもなく、宣伝でもない。多数の購入者の意見をそのまま見られるので、購入検討者にとってはこれほど役に立つことはない。素《す》のままの意見、つまり「口コミ」手法をいち早く取り入れた。

日産と同様の仕組みを取り入れたのが「ユニクロ」を全国展開する**ファーストリテイリング**だ。同社はカジュアルウエアを中心に規模のメリットを生かした戦略で、今や全国に３９４店舗を持つ。

そのホームページには、日産と同じく「ユーザーズボイス」というコンテンツがあり、購入者の購入検討者への感想、メッセージを投稿形式で掲載している。最近の対象商品は、「ノンアイロンパンツ」「Home」「uniqlo KIDS」「BODY by UNIQLO」「特別サイズ服」など。おそらく、これらは期間限定で変わっていくのであろう。ユニクロに興味がある人々、たまたまホームページに立ち寄った人々は、こうした情報を見て、質問したりするうちに購買意欲が高まる確率が高いに違いない。

ファーストリテイリング
株式会社ファーストリテイリング。株式会社ユニクロなどの衣料品会社を傘下にもつ持株会社。カリスマ経営者と呼ばれる柳井正代表取締役会長兼社長のもと、世界的な衣料品企業を目指して、積極的な海外展開やＭ＆Ａでグループを拡大している（ＷＰ）。

「良い物をより安く」をモットーに顧客の人気を高めた同社だが、その心は「顧客の満足のために」ということだという。「口コミ」による「ユーザーズボイス」は、そんな役割を果たすためにも強力な武器になる。

瀕死の懐石料理店をネットが救った

２００６年７月にも日本海に面した福井県周辺は集中豪雨に襲われたが、２年前の04年７月に福井市を襲った集中豪雨は極めて大きな被害を伴うものだった。この地としては、過去に例を見ない規模の災害に、市民は大きなショックを受けた。まずは最低限の生活を復活させるための復興、復旧作業に追われる。贅沢《ぜいたく》などは禁物。「外で飲食する余裕があるなら、困っている人たちを助けろ」。そんな雰囲気でしたと、福井市の懐石料理店「萩」店長の白崎健司さんは当時を振り返る。お客はほとんど来なくなっていた。

「このままでは店も潰《つぶ》れてしまう。どうしよう」

「刺身感覚で造る、おっさん（実父）の生さば寿司は絶品なのに食べてもらえない」
「どうしたらいいのだろうか」
「福井がだめなら、その他の全国に売れないだろうか」
「そうだ。**インターネット**を上手く使えないだろうか」
「福井県産業支援センターが主催しているインターネット勉強会に出てみよう」

それがきっかけで、白崎店長は、急速にネット利用に傾注していく。お店のホームページの制作を依頼し、そのホームページに来てもらうためのネット広告を出すことにした。

とはいえ、いずれもお金がかかることだ。最初の7ページのみのホームページは、業者さんに無理をいって20万円で作成してもらった。ネット広告については、ネット利用者がある言葉を**検索**したときに付加する広告を、その年の8月からお願いすることにした。

インターネット
全地球規模で相互接続されたコンピューター・ネットワークのこと。複数のコンピューター・ネットワークをインターネット・ワーキングと呼ばれる技術により相互接続したネットワーク（WP）。

検索
インターネット上にはさまざまな情報があり、その中から自分の欲しい情報を探し出すこと。

グーグルでは「**アドワーズ**」、**ヤフー**では「**オーバーチュア**」と呼ぶ広告だ。ネット利用者がグーグルやヤフーの「検索」で「鯖寿司」と打ち込むと関連のサイトがいっぱい表示される。その横にたとえば「おっさんが造る生さば寿司」と広告が表示されるわけだ。

白崎店長は、多額の資金はかけられないと、ヤフーの「オーバーチュア」に1日1000円を限度とする広告を出した。**1クリック**の料金が10円とすれば、1日に1000回のクリックで、その日の広告はそこで打ち切られる。1円とすれば1000回だ。いずれにしてもそう高い広告費ではない。

ところが、それが功を奏した。ネット広告を始めた2004年8月のネット販売はわずか10万円だったが、次の9月には20万円に、次の10月には40万円に、次の11月には80万円に、そして、暮れの12月には200万円と、ものの見事に毎月倍増を記録していった。

もちろん、「おっさんの生さば寿司」の評価が高いことも売上を伸ばした要因ではあるものの、白崎店長は「ネットの威力」をまざまざと見せつけられるこ

グーグル（Google）
インターネット上の情報の検索を主業務とする米ソフトウエア会社、あるいは、同社の運営するインターネット上での検索エンジン。独自開発したプログラムが世界中のWebサイトを巡回して情報を集め、検索用の索引を作り続けている。約30万台のコンピューターが稼動中といわれる。検索結果の表示画面に広告を載せることで、高収益を上げている（WP）。

アドワーズ
グーグルが行っている広告主向けの広告出稿サービス。グーグルの検索結果やGoogle AdSenseを取り入れているサイト、また提携している複数のポータルサイトなどに、サイトの内容に適した広告を自動的に配信し表示する（WP）。

とになる。

福井県産業支援センターを通じて知り合えた笹本克氏との出会いも幸運だった。講座の枠を超えて懇切丁寧に教えていただいたという。笹本氏は、すでにこの世界では有名な専門家だ。

白崎店長は結局、同センターの講座をしっかり受けて、ホームページ作成技術もすっかり身につけた。講座費用は支援もあり20万円で済んだという。現在のホームページはすべて自分の手作りだ。ちなみに、某地方テレビ局の放送用に自分で15分間の紹介ビデオを作製して送り届けたところ、ほとんどそのまま放映されたという。

こうした実態が新聞で、雑誌で、テレビで取り上げられることになり、「萩」はすっかり全国規模の有名店になった。こうなると、不思議に地元の福井市のお客の足も戻ってきた。復興が一段落してきたこともある。

地元ばかりではない。ネットを通じて購入していたお客が「一度、おっさんに

ヤフー（Yahoo! JAPAN）
ヤフー株式会社が運営するポータルサイト。Yahoo! の日本語版であり、日本における検索・ポータルサイトでは『MSN Japan』と『Google 日本』を押さえて業界1位の座にある（WP）。

オーバーチュア
Yahoo!JAPAN やMSNなどの検索エンジンで、特定のキーワード検索時に広告主のサイトが上位に表示されるシステム。表示順位は広告主が決めた1クリックあたりにいくら払うかの価格によって決まる。

クリック
マウスのボタンを押して離すこと。左クリック、右クリック（Macintosh の場合はボタンは一つ）、ダブルクリック（すばやく2度クリックすること）など。クリックという言葉は「カチッ」という音を表す英語の擬音語に由来する（WP）。

お会いしたかった。どんなお店か見たかった。一度お店で食べてみたかった」と訪ねてくることが多くなった。ネットと**リアル**の社会は、密接につながっている。

「楽天市場」でも続々と成功例

福井の懐石料理店「萩」のような事例は、**楽天**が運営するネット上の巨大ショッピングモール「楽天市場」にたくさんある。楽天に出店している契約企業数が5万2416、商品数が1723万3811点というから、まずはその多さに驚く（2006年6月8日現在）。

その中に、繁盛店の店長インタビューが載っている。すでに掲載インタビューは68件にも上る。その68件目は、健康食品・サプリメントを扱う「あっとびっくりとっぷのお薬やさん」だ。2003年にこのネットショップに参入以来、まさに右肩上がりの成長を続けている。月商で2000万円に迫るところまできている。

リアル
インターネットなど仮想の世界に対して、現実の世界のこと。

楽天
2006年現在1800万人の利用者がいる日本国内最大級のネットショッピング・モール「楽天市場」の運営会社。2000年のジャスダック上場以降、積極的なM&Aにより事業を拡大し、楽天グループを形成するまで成長している（WP）。

顧客に便利さと楽しさを味わってもらい、さらに安心感を持ってもらうことで、リピーターに育てていったという。そのためには楽しいメルマガ（**メールマガジン**）がポイントだったという。

一つ前の67件目は「京都居酒屋やすだ」。店長の安田利守氏は大学卒業後、3年間料理を修業した後、家業の居酒屋を継いだ。

その店で人気の「牛すじ煮込み」を多くの人に食べてもらいたいと楽天市場に出店した。ネットでもお客との「心のふれあい」を大事にしているという。2005年に売上が急進し、同年の楽天市場肉部門で年間ランキング第1位を獲得している。

このほか、ネットショップを目指す企業にとっては、参考になる事例がたくさん掲載されている。楽天市場だけで5万店舗も存在するわけだから、すでに巨大なショッピングモールだ。

メールマガジン
発信者が定期的にメールで情報を流す、メールの配信の一形態。「まぐまぐ」の無料サービスが成功して、広く普及した（WP）。

ネット広告の勢いが止まらない

「萩」の白崎店長が出稿した1日1000円の広告。毎日出しても1カ月3万円だ。しかし、この広告が世の中を変えていく。

こうした小さな広告が急速に増えている。その効果が目に見えて判明するからだ。なにより、人々のメディアへの接触時間は、今や新聞、雑誌、テレビを抜いてネットになったということもいわれ始めた。

私たちは、仕事でパソコンに向かう時も、ネットで何か遊ぶ時も、パソコンでメールを打っている時も、いつでもニュースに接していたり、何かをすぐに検索したりする。**ケータイ**でさえ、最新機種なら常にニュースが流れていたりする。ケータイでテレビさえ見られるようになった。「接触時間はネットが1番」という説もうなずける。

そのネットに広告効果が表れるのは当然の流れだ。**電通総研**の調査によれば、

ケータイ
携帯電話のこと。若者が使い出し、「ケータイ」が定着した。多機能化に伴い新たなデジタル・ツールとして進化している。

電通総研
広告代理店国内最大手の電通の子会社のシンクタンク。

２００５年の日本のネット広告市場は、２００４年の１８１４億円から、２００５年は２８０８億円に膨れ上がった。じりじりと下がり続けるラジオ広告は２００４年に１７９５億円だったから、この年にネット広告に抜かれている。

同様にじりじりと下がり続ける雑誌広告は２００５年で３９４５億円。電通総研の予測によれば、ネット広告は２００６年に３４２２億円、２００７年に４１４２億円の見込みという。２００７年にネットが雑誌を抜くのは間違いない。

ネット広告の関係者によれば、ネット広告の２００６年の伸びも著《いちじる》しく、２００６年に雑誌を抜く可能性もあるという。さらに、２０１１年には、現在約１兆円の新聞広告さえも抜くといわれている。「誇り高き」新聞を抜く日が来るということで、新聞業界にもある種のざわめきが出てきているという。

ネット広告の強みは、何百万人が見にやってくる巨大で注目される**サイト**に貼り付けられる（**バナー広告**と呼ばれる）高額広告にもあるが、なんといっても細かくセグメントされた小額広告だ。

サイト
ひとまとまりに公開されているWebページ群。または、そのWebページ群が置いてあるインターネット上での場所（WP）。

バナー広告
バナーとは、Webページ上で他のWebサイトを紹介する役割をもつ画像（アイコンの一種）のことで、それを広告・宣伝用に作ったもの。画像にはリンクを貼り、クリックするとそのバナーが紹介するサイトを表示する（WP）。

懐石料理店の「萩」が利用したように、何かを調べようとしてネットを「検索」した際に、その検索結果と同時に付加される「広告」が大きな市場になってきている。こうした広告は「検索結果」ばかりではなく、メールマガジンや、個々のメールにも、その内容から推測される広告が付く。

テレビの広告市場にも大きな影響をもたらすのは間違いない。加入者が1000万人を超えたUSENの無料ネットテレビ「**GyaO（ギャオ）**」がさしずめ脅威となるだろう。無料とはいえ加入者の簡単なプロフィールを取っているため、どんな人がどれを視聴しているかが**リアルタイム**で把握できている。

このため、同じ番組を視聴しているとしても、男女別、年齢別、職業別に別々の広告を付加できる。従来のテレビ放送では真似のできない**セグメント広告**を展開できるわけだ。

セグメント広告が基本的に不可能な新聞、テレビにとって、ネット広告がいかに驚異的であるかが容易にわかる。

GyaO（ギャオ）
株式会社USENが提供する無料動画配信サービス。2006年6月17日、目標としていた視聴登録者1000万人を突破した（WP）。

リアルタイム
即時・そのときの時間という意味（Real time）。

セグメント広告
年齢、性別、職業、趣味といったユーザーの情報をもとに、それぞれのユーザーの特徴に合わせた広告。

Ｗｅｂ２・０とは何か

ネット利用の進展に伴い、このところ、ネット利用の第2世代を意味する「Ｗｅｂ２・０」という言葉が盛んに使われるようになった。もともとは、米国のＩＴ関連の出版社ＣＥＯの**ティム・オライリー**氏が言い出した。世界中の関係者が、その気分を共有し、「Ｗｅｂ２・０」という言い方が瞬く間に世界中に広がった。

そもそも「Ｗｅｂ」はクモの巣のこと。ネットが蜘蛛の巣のように、張り巡らされているから、Ｗｅｂとも呼ぶわけだ。

ちなみに、Ｗｅｂ上の場所（アドレス）を特定するのに、ＷＷＷ……というのをよく見かける。ＷＷＷは World Wide Web の略で、「世界中に広がっているＷｅｂの中での場所を、次のように特定します」という意味に使われている。

Ｗｅｂにつながる人たちが急速に増え、その利用が格段に進み出した。利用者

ティム・オライリー
米国の技術専門出版社オライリー・メディアの創設者。２００５年にＷｅｂ２・０の概念を提唱し、ネットの重要性が今後ますます増すことをアピールした。

が多くなることで、使い方にも変化が生じてきた。もちろん、提供側のシステムも変革が進む。Ｗｅｂ２・０はＷｅｂが第２段階に入り、第２世代に突入したということを表現している。

この世界では、改善や革新が進むたびに、その段階がわかるようにバージョンアップする。**ソフトウエア**の改善が進む時、バージョン「１・０」から「１・１」へ、あるいは「１・０」から「２・０」へという表現をする。

Ｗｅｂ２・０は最新のソフトや何かを指しているわけではなく、今の改革の気持ちを共有している言葉だ。確かに、Ｗｅｂ２・０と表現したいような「変革」が押し寄せてきている。

もともとＷｅｂ１・０があってＷｅｂ２・０が登場したわけではなく、Ｗｅｂの利用が第２世代に突入した気分になったことからＷｅｂ２・０が使われだしたわけで、その説明、解説は種々ある。私は、Ｗｅｂ１・０は主として１人対Ｎ人（複数人）の使い方の時代で、Ｗｅｂ２・０は主としてＮ人対Ｎ人の使われ方の時代だと考えている。参加者主体、個人重視、情報の透明化を進めて、

ソフトウエア
コンピューターが処理を制御するプログラム全般を示し、物理的装置であるハードウエアと対比させて言うときに使う。プログラムとほぼ同義だが範囲は更に広い。ソフトとも呼ばれる（ＷＰ）。

集団の知恵を生かす仕組みがWeb2・0の世界だ。

劇的な変化をもたらすWeb2・0

一つの情報を世界中の人々が同時に共有したり、感動したりできるのがWeb2・0の真髄だ。テレビのように1方向だけに感動を伝えるのではなく、お互いに双方向での情報のやり取りができる。共鳴も実感できる。行き交う情報は、多くの人たちの嗜好《しこう》や意思の反映といえる。

Web2・0は、ネットを中心として、その仕組みやサービスの変革を促す。振り返ってみれば、コンピューターが中心（主役）だった1対Nの時代がWeb1・0で、個人が中心（主役）になった現在がWeb2・0といえるのではないか。

では、Web2・0に代表されるネットの進化は私たちの世界をどう変えてしまうのか。あるいは必然的にどう変わらざるを得ないのか。少々乱暴な言い方をすれば、私は次の四つの変革を招くと考えている。

①大多数のソフトウエアや電話通話料が無料になる。ケータイ、パソコンなど**ハードウエア**も限りなく無料に近づく。

②個々の企業の情報システムは徐々に減少し、**オープンなシステム**への移行が進む。**ITベンダー**はサービス業の色彩を強める。

③個々の好みに合わせた多種少量ビジネスが広がる。これらのマーケティングに最も適切にフィットするネット広告が急進し、新聞・雑誌の広告市場は減衰の一途をたどる。

④ネット上でN対Nの情報のやり取りが進み、ベンダーとユーザーもよりフラットな関係になる。先進ユーザーの知恵や技術が新製品、サービスの開発に貢献する。

電話通話料が無料になるというのは少し説明が必要かもしれない。電話が「従来のネット」を使う限り無料化は考えにくいからだ。

実は、あらゆる情報がデジタル化された上で「インターネット」に乗り、その情報のやり取りに従量制の料金がかからないことを考えると、電話の通話信号

ハードウエア
あるシステムの物理的な構成要素、および物理的構成要素の集合体のこと。日本語で一般に言う機械、あるいは装置、設備。コンピューター・システムを動かす演算装置等、無形の動作指令系であるソフトウエアと分けて語るために生まれた（WP）。

オープンなシステム（オープンシステム）
コンピューター業界で『ベンダー固有の仕様ではないシステム』のことを指す用語。主にLinuxやUNIXで構成されたシステムを指す（WP）。

ITベンダー
コンピューター関連製品の製造・販売会社のこと。

もデジタル化してインターネットに乗せれば、みかけ上は無料になる。現にそのやり取りは急速に進んでいる。いずれ、ケータイにもその流れが押し寄せてくる。

また、コンピューターのソフトウエアは急速に無料化が進んでいる。その背景には、純粋に他人の役に立ちたいという思いや、無名の人の自己顕示欲などが作用しているようだ。ネット上にはそうして作られた無料のソフトがたくさん転がっている。使うスキルさえあれば、誰でも自由に使える。

アマゾンとグーグルに象徴されるＷｅｂ２・０の波

さらに、ネットにつながっているあらゆる情報の無料「**検索サービス**」を始めた米グーグルの動きも、この変革を加速させている。同社は１９９８年に創業されたばかりのベンチャー企業だが、その6年後の２００４年に株式上場を果たし、２００５年10月には時価総額は10兆円を超え、現在14兆円にも上る。個々のニーズに対応する広告が極めて有効だと高い評価を得ているからだ。

検索サービス（検索エンジン）
インターネットに存在する情報（Ｗｅｂページ、Ｗｅｂサイト、画像ファイル、ネットニュースなど）を検索する機能を提供するサーバーやシステムの総称（ＷＰ）。

私たちには極めて便利で、しかも「無料」の検索サービスが、これまでのマーケティングの手法、**ビジネス・モデル**をことごとく壊しつつある。

米**アマゾンドットコム**の戦略も注目しなくてはならない。グーグルで検索してアマゾンで買うという大きな流れがやってきているからだ。これを合わせて「グーグルゾン」と名付けた人もいた。単なる「**ネットショッピング**」の域を越えて、リアルな小売業にも大きな影響を及ぼすことになりそうだ。

すでに巨大に膨らんだコンピューター関連会社の仕事の仕方が、変革を余儀なくされるのはいうまでもない。通信事業者にとっても深刻な問題だ。自分たちが巨額を投資して作ってきた**通信インフラ**をタダ乗りされている側面もあるわけだ。

情報システムや通信システムを使うユーザー企業にしても、この変革をどう捉え、どんな手を打つべきか。その先をよく見極める必要がある。

さらに、この影響はコンピューター関連業者や専門家ばかりではなく、ごく普

ビジネス・モデル
売上や利益を得るためのビジネスの仕組み。ビジネス・モデルを構築するとは、そのビジネスの全体をイメージで設計、もしくは実際に製品、サービス、資金などが回転する経路を設定することを言う（WP）。

アマゾンドットコム（Amazon.com）
米シアトルに本拠を構える世界最大のインターネット書店。インターネット上の商取引の分野で初めて成功した。書籍以外にもDVDや電化製品など様々な商品を扱っている。日本ではアマゾンジャパン株式会社が日本版サイトAmazon.co.jpを運営（WP）。

ネットショッピング
インターネット上でさまざまな品物を販売するWebサイトで、商品を購入すること。

通の人たちにも及ぶ。私たちのビジネス・スタイルやライフスタイルは大きく変わってくるはずだ。だが、その実態を捉えきれずに戸惑っている人たちも多い。

ネット革命の牽引者は特殊な若者であり、自分には関係ないだろう、できるなら避けたい、と逃げ回ってきた人たちも多い。だが、私たちの生活やビジネスを根本から変革する大きな動きが出てきていることは間違いない。ここは、しっかりと目を見開く必要がある。

グーグルがWeb２・０を牽引する

実はこの本の執筆のこともあって、グーグルには少々積極的にこちらから近づいていている。第3章で詳述するが、昔の仲間にGmailを紹介してもらって参加した。それは評判通り、これまでに経験した中で最も優れた機能を備えていた。

さらに、グーグルの得意な検索機能を自分のパソコンに取り込み、自分のパソ

通信インフラ
電話回線や通信回線、またそのために必要な機器や設備の総称。

Gmail
グーグルが開発し、2004年4月1日に開始されたフリー・メール・サービス。Webメールと POP3・SMTP に対応し、メール転送も可能である（WP）。

コンの情報検索に使う**グーグル・デスクトップ**を取り入れた（**インストール**）。想像以上に簡単に取り込める。

グーグル・デスクトップを取り入れると、パソコン画面の右側縦に幅3センチほどのツール・バーが現れた。このバーのボタンを押す（クリックする）と、その中身（**コンテンツ**）に飛んでいく（**リンク**されている）。

実はいろいろな設定ができるのだが、とりあえずバーに現れたのが「メール」「ニュース」「Ｗｅｂクリップ」「スクラッチパッド」「写真」「地図」「タスク」。メールやニュース、Ｗｅｂクリップなどでは、それぞれから最新のデータの一部が表示されている。

新しいメールが届けば、すぐに画面の一部にお知らせが出る。それは「送信者、タイトルと書き出し文」などだ。それをクリックすれば、メール・ツールが立ち上がり、すべてを見て、すぐに返事を書くこともできるわけだ。

実は後でわかることだが、利用者同士の**チャット**（電話のメール版）や無料電

グーグル・デスクトップ
グーグルが提供している無料の検索ソフトなど。自分のパソコンの中に保存されているファイルを、Ｗｅｂサイトを検索するのとほぼ同じ要領で検索できる。

インストール
コンピューター・ソフトウエアの登録・設定を行い、使用可能な状態にすること。オペレーティング・システムやアプリケーション・ソフトウエアが格納されているＣＤ-ＲＯＭなどの記憶媒体や圧縮ファイルからファイルを展開し、プログラムを実行することができる状態にすること（ＷＰ）。

コンテンツ
メディアによって提供されるニュースなどの情報や音楽・映画・漫画・アニメ・ゲームなど各種の創作物を指す。書籍、Ｗｅｂページにおいても同様であり、その「目次」や「メニュー」のタイトルとしてコンテンツという言葉が使わ

話もできる。メールばかりではなく、チャットや電話でも「私たちは仲間といつでもつながっている」ことを実感する。

つながっているのは仲間同士ばかりではない。ニュースやＷｅｂや写真、地図など「コンピューター同士のつながり」も実感する。「地図」はすでに**グーグル・マップ**などで評判になっている、人工衛星による空からの写真がランダムに表示されている。いわゆる**スライドショー**が展開されている。

バーの中の「地図」に表示されている写真をクリックすると画面いっぱいに大きく表示される。右上の「マップ」をクリックすればその写真に見合う地図情報に差し変わる。ちなみに、表示されている上方にある検索欄に自分の住んでいる住所を打ち込めば、自宅付近のサテライト写真や地図に切り替わる。

自分のパソコンの中にあるさまざまな**プログラム**やコンテンツ、あるいはネットの中（Ｗｅｂ）にある膨大なプログラムやコンテンツとも、私たちは「コンピューター同士のつながり」を実感する。

れることもある（ＷＰ）。

リンク
ホームページを他のホームページと結びつける機能のこと。

チャット
複数の人がネットワーク上に用意された1カ所に参加し、テキストを入力してリアルタイムで会話的メールをやり取りするシステム（ＷＰ）。

グーグル・マップ
グーグルが提供しているローカル（地域）検索サービス。通常のグーグルはＷｅｂページをサイト単位でインデックスを行うが、グーグル・マップは、実際の店舗単位でインデックスを行う（ＷＰ）。

スライドショー
パソコンの画面上で複数の静止画像や資料を自動的に切り替えながら表示する機能。プレゼンテーション・ソフトや画像表示ソフトに

Ｗｅｂ２・０というネットの進展によって、私たちは仲間といつでもつながっているようになり、さらに私たちとコンピューター、そしてコンピューター同士も、しっかりとつながっている。

個人の情報を共有しあうＷｅｂ２・０時代に向かう今こそ、関係ないと思っていた人たちも含めて、その姿をしっかり摑まなければならない時がきたようだ。ネットを使うことで仕事の活躍の場を広げたり、遊びもこれまで以上に楽しめる時代がやってきたからだ。

「集団の知恵」がＷｅｂ２・０の真髄

今、私がもっとも興奮している言葉は「The Wisdom of Crowds（集団の知恵）」だ。このところわが社**ソリック**のホームページの「制作日記」で時々触れているが、毎日、誰かを捕まえては、その素晴らしさを話している。Ｗｅｂ２・０の考え方の原点であるからだ。

米国の人気書籍となった『The Wisdom of Crowds』。著者はJames Surowiecki

搭載されている。

プログラム
コンピューターの行う処理（演算・動作・通信など）の手順を指示したものを指す。コンピューター・プログラム（Computer Program）ともいう（ＷＰ）。

ソリック
株式会社ソリック。筆者が代表を務める編集・広告プロダクション。ＩＴ関連を得意としている。

氏で、そのサブタイトルは〝Why the Many Are Smarter Than the Few and How Collective Wisdom Shapes Business, Economies, Societies and Nations〟「なぜ集団はときに（優秀な）個人よりも優れているのか」

いわば、テレビで解説する専門家10人よりも、政府機関で任命された専門委員10人よりも、10万人の一般庶民の方が、はるかに正しい、優れた結論を出すことが多いというわけだ。ネットが発達したからこそ、それが可能になり、証明されてきた。ピープルズ・パワーが押し寄せている気がしてならない。

昔は「3人寄れば文殊の知恵」と言った。それが今では、10人でも、100人でも、1万人でもすぐに寄ることができるようになった。ネットを利用して。瞬時に、あまたの知恵が集まる。「個は万人のため、万人は個のため」。それがネットで可能になる。しかもこれも、無料で可能になることが多い。

インターネットの進展でいとも簡単に、多くの人々のその知恵を集められるようになった。これまでは「作られた広告」、企業から「与えられるだけの広告」であった。これからは、企業の商品、サービスの実態を極力オープンにしたらいい。私はそれが「もっとも効果的な広告」となるのではないかとこのごろ感じている。

つまり、企業の商品・サービス情報、消費者の評価などの実態について、外部の誰にでもわかるように透明度を上げていくことこそが、最良の広告になるのではないか。

それからもう一つ。企業がおかれている立場と、消費者の立場がいかにフラットの関係になれるかということも大事だ。

企業は「お客様」のことを上に奉《たてまつ》る図式を見せるが、果たして実態はというと、どこか上から見ていることが多い。別段、企業が下になる意識も必要ない。消費者と同じ位置に足元を揃えること。それがより良いサービスにつながるのではないか。

「The Wisdom of Crowds」はそんなことも教えてくれている。

第2章　みんなつながった

電車の中でせっせとメール

最近、電車の中の風景が変わってきた。電車の中で新聞を読む人が少なくなってきた。日本人独特の居眠りも減ってきた。

乗客の多くは、ケータイを見つめ、せっせとメールを打っている。5年前にはまったく見られなかった風景だ。鉄道会社も当初は「ケータイはご遠慮ください」と叫んでいたが、最近は「この車両では**マナーモード**に」あるいは「この付近では電源を切って」ぐらいになった。

乗客は、大きな声で電話をする人は少なくなったものの、せっせとメールをしている。車内でも頓着していないし、誰もそれを止めようとはしない。

地方でも同じような現象が起きている。通学途中の高校生たちは、はしゃいだおしゃべりか、もしくはケータイ・メールにのめり込んでいる。都会でも田舎でも電車の中の風景は確実に変わった。

マナーモード
携帯電話の着信音やボタンの操作音などを簡単な操作で消音する機能。電車の中など音が鳴っては困る場所で使用する。

そう。僕らはみんなネットでつながった。電車の中でも、ケータイを通じて誰かとつながっている。自宅に戻ったら、今度はパソコンに向かうだろう。パソコンは、さらにつながる範囲を世界に広げてくれる。

ここで言う「ネット」とはインターネットのことだ。私たちのパソコンやケータイはほぼすべて、通信回線でつながっている。その情報通信網のことだ。日本だけでもネットにつながっているパソコンやケータイは一億数千万台以上にもなる。世界では何十億台もがお互いにつながっていることになる。

メールや電話で、私たちはつながっている。それを用いて、私たちはお互いにいつでもどこでも交信できる。最近では、お互いを結ぶ通信回線が太くなり、テレビ電話による画像でもつながるようになってきた。いわゆる、**ブロードバンド**と呼ばれるものだ。これによってテレビ電話ばかりでなく、パソコンの画面で映画やテレビ放送も見られるようになった。

ネットでつながっているのだから、距離を感じないで時間を共有できる。地球

ブロードバンド
通信速度が高速なインターネット接続サービス。高速とは通常、1Mビット／秒以上を指す。それ以下は「ナローバンド」と呼ばれる（WP）。

の裏側に住む人達とも瞬時にやり取りができる。しかも、限りなく無料で情報のやり取りができる。

ネットの中には、いろんな立場のソフトウエア技術者たちがこれまでに作ってきた資産が山ほどあり、そのかなりの部分がフリー（無料）なのである。私たちはお互いにネットでつながっているが、その山ほどの資産ともつながった。

ネットの中に存在するものは通常、**バーチャル**（仮想）と呼ばれる。リアルの社会との比較から、そう呼んでいる。一般的には「バーチャル」とか「仮想」というと「ウソっぽい」というイメージがつきまとうが、この世界の人々はそうは思っていない。たとえば、電話は通信回線を通じた電子情報であるから「バーチャル」なのだが、今や誰でもリアル感を持っていることと同じことだ。

面白いから急速に広がった

久しぶりに会ったかつての仲間が、最近のネットの進化、その理由を明快に語ってくれた。要は「とにかく面白いから流行った」というのが結論だった。

バーチャル
リアル（現実）に対する仮想（電子メディア）の世界のこと。

その仲間は平野正信氏。**ＯＳＤＬ**（オープン・ソース・ディベロップメント・ラブズ）のアジア統括ディレクタとして活躍していた。ＯＳＤＬは**オープンソース**（無料で公開している）の代表格である**リナックス**（Ｌｉｎｕｘ）の推進母体だ。彼はこんな風に説明してくれた。

インターネットは、現実と同じ世界を「仮想」（バーチャル）で作った。「仮想世界」であるから、誰もが匿名で徘徊《はいかい》できる。もちろん、実名でも徘徊できる。しかも、距離感のない仮想世界だから、どこへでも瞬時に飛んでいける。

お金を振り込んだり、買い物したり、遠方の誰かに話しかけてみたり。
みんなに話しかけたら、わっと多数の人から返事があったり。
みんなが自分の動きを見ていて、いろんなものを勧めてくれたりする。
興味を惹かれることに出合ったり、逆に怖い、嫌いなことを発見してしまったり。

ＯＳＤＬ（オープン・ソース・ディベロップメント・ラブズ）
米オレゴン州と日本の東京に拠点がある、Ｌｉｎｕｘのビジネスの利用を推進するために設立されたＮＰＯ（ＷＰ）。

オープンソース
ソフトウエアの著作者の権利を守りながらソースコードを公開することを可能にするライセンスを指し示す概念（ＷＰ）。

リナックス（Ｌｉｎｕｘ）
ＵＮＩＸに似たコンピューター用オペレーティング・システム（ＯＳ）。現在では、パーソナル・コンピューター、携帯電話などの組み込みシステムからメインフレーム、スーパーコンピューターまで、幅広く利用されている。１９９１年に当時フィンランドのヘルシンキ大学在学中であったリーナス・トーバルズ（Linus Torvalds）が個人で開発、その後に多くの人がみんなのために便利なものを作って、ネットの中に差し出してみたり。
それを多くの人々がとても喜んで使ってくれたり。
それでスターの道を夢見たり、まさにスターになれたりする。

この世界では美人を装《よそお》ってみたり、イケメンとして街をかっ歩してみたり。
でも、失敗したら、すぐに自分を消してみたり。
再度、新しい匿名で入り込めるから、いつでもすぐにリセットできたりする。

すべては「仮想」なのだが、ネット内での行為は現実（事実）のものだ。
現実の世界が面白くなくてもいいのです。こんなに楽しい世界があるから。特に若者で、そう考える人たちが急速に増えている。現実よりもはるかに面白い世界。それがネットの仮想世界、「Ｗｅｂ２・０」の世界なのです。

彼は**日本ＩＢＭ**で**ＳＥ（システム・エンジニア）**を務めた後、**日経ＢＰ社**では雑誌記者を経験、その後は一貫して「**オープン化**」の流れの中で活躍してきた。
「オープン化」とは、主としてソフトウエアの開発などで、**ソースコード**とい

開発に参加した。オープン型の代表例（ＷＰ）。

日本ＩＢＭ
米ＩＢＭの日本法人。米ＩＢＭの１００％子会社であるＩＢＭワールド・トレード・コーポレーションの１００％子会社（ＷＰ）。

ＳＥ（システム・エンジニア）
もともとは、情報システムの要求定義、設計、構築、運用に従事する職を指す。日本では企業情報システムの開発に携わる者に対して主に使われる。現在では単に、企業情報システムの設計開発者のうち上級の者を指して言うことも多い（ＷＰ）。

日経ＢＰ社
日本経済新聞社の１００％子会社の出版社。ビジネス情報誌「日経ビジネス」をはじめ、ビジネス・ＩＴ・医療・電子・機械・土木・建築・サービスなどの分野の情報誌を直販形態で発行する他、書店

う具体的な記述に関わるところまでを公開することである。ネット上の公開の場所に置けば、誰もがそれをチェックしたり、手を加えて改善したりできる。

後述するが、実はネットの進展はオープン化の歩みと大きな関わりがある。情報をオープンに共有して何かを進めるという考え方が、ネットの進展を促した。逆にネットが発展したことで、さらなるオープン化を進めたともいえる。

つながっていないおじさんたちも多い

「パソコン？　ネット？　オレは嫌いだ。ケータイ？　電話だけは便利だけどね」。そういう人も多い。

「だって何も困っていないよ。商売だって上手くいっているし、そもそもオレはデジタルが嫌いだ。人間はアナログなんだよ。パソコンなんかに向かっていないで足で稼げ」。居酒屋で聞こえてくる部長風のおじさんの話。よく見る光景だ。確かに、電車の中でケータイを使っている中年おじさんは少ない。

販売の雑誌や書籍の発行、各種Ｗｅｂサイトの運営、各種展示会の開催などを行っている（ＷＰ）。

オープン化
ソフトウエアの著作者の権利を守りながらソースコードを公開する概念。

ソースコード
ソフトウエア（コンピューター・プログラム）の元となるテキスト・データ。プログラミング言語に従って書かれており、コンピューターに対する一連の指示（ＷＰ）。

比較的大きな会社では、経営者や社長宛のメールを秘書がチェック、メールの受信、送信を秘書に任せているケースも多いと聞く。

場合によっては秘書や担当者が、このメールは社長に見せるべきかどうかを判断してから上げる。その現実を社長は良しとして、むしろそれを指示している。電話の取り次ぎと同様に考えているわけだ。

それが日本の現実のようだ。２００６年初めに、私の会社であるソリックは、日経ＢＰ社の協力で「有料セミナー」を企画した。このセミナーで、第2次ネット革命というか、「Ｗｅｂ２・０の世界の登場」をいち早く経営者層に伝えようとした。

中小企業の経営者層宛の10万人を超える規模のメールマガジンで募集したのだが、なかなか参加希望者は集まらなかった。こちらの気持ちを伝え切れなかった。

地方にいる多くの中小企業の経営者は、「**情報システム**」絡《がら》みで何も困ってい

情報システム
情報を処理・保存・管理・流通させるための仕組み。コンピューターとネットワーク、およびそれを制御するソフトウエア、その運用体制までを含んだものを指す場合が多い。

ないのだ。気になるのは景気動向などが中心で、ネットとか情報システムにはほとんど興味を示さない。

製造や販売コストを下げられる情報システムがあれば、それを取り込めばよいとしか考えていない。情報システムは単なるツールの一つ。事業の本筋ではないと考えているわけだ。

「有料セミナー」でこちらの意図が伝わらなかったのは、実際にパソコンやネットに触れてもらうことを盛り込んでいたからではないかという疑いもある。「触れることが大事」という講師の強い要望で都内のパソコン教室を用意したのだが、そのことが逆にわざわいしたのかもしれない。

パソコンで新しいネット情報に触れることをセミナーに取り入れたことで、経営者は「自分のことではない」と考えたのかもしれない。しかし、実際にパソコンやネットに触れてみなければ、本当のことはわからない。私は今、そのことを強く感じている。この本で最も伝えたいことの一つでもある。

少なくとも、まずは、メールぐらいは自分でやり取りして欲しいのである。大事なこと、大事な人への電話は自分でするだろう。今やメールは、その代わりになっているのである。

デジタルがわからない——おじさんは怒ってるぞ

こうしたところまでネットが使われだすと、きっとその使い方なり、使いにくさが問題になってくるだろう。「わかりにくい、間違えやすい」と。パソコンは電源を入れてもすぐには使えない。いくつかのやり取りが必要だ。パソコンはまだ家電にはなっていないのだ。

「おじさんは怒ってるぞ」。少し古い話になるが、日本経済新聞夕刊が1面で始めた連載「デジタルがわからない」シリーズだ。パソコンやインターネットなどデジタルがわからない、不親切だ、それで「おじさんは怒ってるぞ」というわけだ。第1回が2006年1月16日。その後、日曜日を除いて24日まで8日間連載された。

ヘルプ・キー
パソコンで操作中のソフトウエアの使い方を表示するためのキー。最近では、「F1」を押せばヘルプ表示が出る。

初日は「何がヘルプだ」から始まる。困った時に**ヘルプ・キー**を押してもわからないし、解決しない、と怒っている。

その後も連日続く。「取扱説明書」がわかりにくい。パソコンの使用を終わりたいのに、なぜ「スタート」ボタン（Ｗｉｎｄｏｗｓの場合）からなの？「不正な処理をした」とか「違反をした」とか何事だ。何も悪いことをしたわけでもない（つもりもない）。だいたい英語ではなく、日本語で話せ。あちらもこちらも**パスワード**ばっかり聞かれてうんざり。いちいちパスワードを設定しなければならず、あちこちですぐにそれを聞いてくる。これではまるでパスワード地獄だ、といった調子だ。

おっしゃる通りだ。確かにパソコンは、まだまだ家電になれない。スキルが必要だ。先の記事は多くの日本のおじさんの気持ちを代弁している。

そのころ、**ライブドア**の違法性が１面トップで報道され始めた。１面の右側にライブドアの報道、左側に「おじさんは怒ってるぞ」。それが続く。そして、連載最後の日に、堀江社長が逮捕される。

パスワード
一般的に合い言葉のことを指すが、コンピューター関連で使用する場合は、本人と認証するために入力する本人しか知り得ない文字及び数字の羅列のことを指す（ＷＰ）。

ライブドア
インターネットやソフトウエアに関する事業を行っている日本の企業。２００６年１月、社長以下幹部が証券取引法違反で逮捕され、大きな話題となった。

それから95日目の4月28日。その堀江容疑者は3億円を積んで保釈が認められた。きっと、「株主は怒っている」に違いない。

しかし、だからといって、ネットの世界から目を背けていいものかどうか。「だから嫌いだ。所詮はバーチャル。事業の本質を履き違えている」などと言って放ってはおけない現実が目の前にある。それに近づいてみると、今まで想像もできなかった、ネットが拓《ひら》く現実に改めて気が付くだろう。この一歩はとても大きい。

ネットにつながることが当たり前になった

ネット関連では日本でも、楽天やライブドア、**サイバーエージェント**、**インデックス**、**サイバード**、**GMOインターネット（インターキュー）**、**インターネット総合研究所**などなど話題の会社が次々と株式上場を果たして成長を遂げてきた。

サイバーエージェント
株式会社サイバーエージェント。インターネット広告関連事業などを主な業務とする企業（WP）。

インデックス
株式会社インデックス・ホールディングス。インターネットや携帯電話向けのコンテンツ及びソリューションの製作・提供を行っている企業。持株会社インデックス・ホールディングスの完全子会社（WP）。

サイバード
株式会社サイバードホールディングス。携帯電話向けモバイル・コンテンツ事業、企業向けマーケティング事業、Eコマース開発・提供を主な業務とする企業（WP）。

それらの企業が成長するにあたっては、ビジネスモデルの確かさが問われてきた。お互いのM&A（企業の合併と買収）も繰り返された。また、上場によって資金を得たネット企業は、プロ野球などリアルビジネスにも進出することになる。

振り返ってみると6年前の日本は、ネットにつながれたパソコンはまだ200万台を超えたばかり。その1年前に始まったばかりのiモードは、まだ300万台程度だった。

この少し前、すでに米国では「新しいネット時代」が世界を変えるとして、新興市場上場のネット企業がもてはやされた。それは、あまりにも急激な株式市場での期待だった。

結局、米国では2000年前後に「ネットバブル」が崩壊する。ネットに対する期待があまり大きくなり、異常なまでの株価上昇を招いたものの、ネット利用の経済効果がその急激な期待に追いつかなかったからだ。しかし、米国ほどに立ち上がっていなかった日本のネットビジネスは、米国ほどは痛手を負わず

GMOインターネット（インターキュー）
GMOインターネット株式会社。インターネット接続のプロバイダー事業を中心に展開する企業。インターキューから社名を変更した。

インターネット総合研究所
株式会社インターネット総合研究所。インターネット関連のコンサルタント事業と企業のインキュベート（起業）が主な事業。設立当初から日本のインターネットの重要なサービスにかかわっている（WP）。

に済んだ。

そして今、パソコンはネットにつながっていることが当たり前になった。パソコンを買えばネットが付いてくる。そんな状況だ。IT関連メディアを手がける**インプレスR&D**が2006年6月7日に発表した「インターネット白書2006」によれば、2006年2月現在の日本のインターネット人口は7361万9000人、世帯への普及率は85・4%だという。

このうち、家庭からブロードバンドを利用している人は3756万8000人と1年間で16・5%伸び、世帯普及率は41・4%に達しているという。

なにより、ケータイの普及はすでに9000万台を超えており、メールや**コンテンツ・サイト**への訪問が可能なケータイは8000万台以上も存在する。

この数字は、活動している人なら誰でもネットにつながっていることをあらわしている。10人中2人しかネットにつながっていなかったという状況から、今や10人すべてがつながる環境になった。

インプレスR&D
株式会社インプレスR&D。IT系に特化した出版社であるインプレスグループで法人向け情報コミュニケーション技術関連メディア事業を手がける。

コンテンツ・サイト
メディアによって提供されるニュースなどの情報や音楽・映画・漫画・アニメ・ゲームなど各種の創作物を集めたサイトのこと。

ネットにつながることが「マイナー」から「メジャー」に、「珍しいこと」から「あたりまえのこと」になった。つながっているのは人ばかりではない。人々が作り出した山ほどのソフトや情報を持つコンピューターともつながっている。それが、新たなネットのステージを切り拓くことになる。

主役はコンピューターからネットへ

私はこの10年の流れを見ていて、「情報通信の主役」がコンピューターからネットに代わってきた、と感じている。

少し前までは、情報システムではコンピューターが中心的な役割を果たしていた。競争力強化のために、それぞれの企業はかなりのお金を投入して、情報システムの構築に力を入れていた。そしてその情報システムを効率よく利用するために、他のコンピューターやパソコンに次々とつなげていった。

だから、コンピューター業界も繁栄した。それぞれの企業がそれぞれのシステムを作るわけだから、ビジネスも増えるわけだ。国もこぞってソフト技術者が不足すると叫んでいた。

ところが今、すべてのパソコン、ケータイがお互いにネットでつながった。今や、そのメッシュ状に張り巡らされたネットに、コンピューターやパソコン、ケータイがぶら下がっているという構図に変わった。

そのコンピューターには、さまざまなソフトやそれを使う仕組み、さまざまな情報が格納されている。通常は「**サーバー**」と呼ばれているものだ。パソコンやケータイは、私たちがネットへつながる窓口だ。

すべてがつながってみると、個々の企業の情報システムにしても、それぞれを独自に作るばかりではなく、共同利用でもよいケースが出てくることは容易に理解できる。もちろん、セキュリティや企業ノウハウ・戦略が絡むため、すべてがそうなるわけではないが、少なくとも大半はそちらに流れるはずだ。

電話も世界中とつながっているが、基本的には1対1の通信である。ところが、インターネットは1対100でも1対1万でも1対1億でも、あるいは1億対

サーバー
コンピューター・ネットワークにおいて、サービスと呼ばれる特定の機能を提供するコンピューターの総称。サーバーからサービスを受ける「クライアント」と対になる概念で、クライアントからの様々な要求に応答する。また、そのようなアプリケーションやプロセスをも指す（WP）。

1億でも互いにほぼ同時に情報のやり取りができる。そこが、画期的に異なる。主役はコンピューターからネットに代わったのである。つまりWeb2・0の登場ということだ。

第3章

何もかも無料に向かっている

従来のコンピューター・メーカーはもう通用しない

2005年10月6日。

昔の編集仲間の石塚朝生氏が、ふらりと東京・平河町のソリックにやってきた。ソリックは私が4年ほど前に立ち上げた会社だ。それまでは永年、私は日経BP社でIT系の雑誌作りなどに携《たずさ》わってきた。

「**フリーソフト**が激しく発展してきた。Webの進化がすごい。従来のコンピューター・メーカーがやってきたことは通用しなくなるね」

開口一番、彼はこう言った。

「フリー、無料」という言葉には少々語弊があるかもしれないが、**基本ソフト（OS）**のリナックスがその代表格だろう。リナックスは企業の主要なシステムにも使われだした。さらに、さまざまな**アプリケーション・ソフト**やコンテンツ、写真などがフリーで出回っている。

フリーソフト
フリーウエアとも呼ぶ。無料で利用できるソフトウエアのこと（WP）。

基本ソフト（OS）
コンピューターにおいて、ハードウエアとアプリケーション・ソフトウエアとの仲立ちをするソフトウエア（WP）。

アプリケーション・ソフト
コンピューターを使って特定の目的を果たすための高度な機能を統合的に提供するソフトウエア（WP）。

そのフリー現象が相当な勢いで進み、既存の電話会社やコンピューター・メーカー、**システム・インテグレーター**の地位を脅かす存在にさえなっていることを、改めて石塚氏から知ることになる。

へたをすれば、ここ半世紀、日本の産業を支え、巨大になった情報通信関連会社が徐々に沈んでいくのではないか。そんな恐怖にも似た感情に襲われた。すでに多くの関係者は、それを実感しているに違いない。

石塚氏は、20年ほど前に「**日経コンピュータ**」編集部にいた仲間で、私も短い間だったが同じ編集部にいた。石塚氏は、まだその日経BP社にいる。英語を不自由なく使いこなし、技術にもめっぽう強い。コンピューターの最先端の技術が大好きで、その興味の持ち方はマニアックでさえある。

最近もネット系やソフト開発の最前線の仲間達と情報交換しているという。その仲間達は、米国西海岸のシリコンバレーやニューヨークに多いようだ。

システム・インテグレーター
システムの設計、開発、運用を一貫して行う企業。オープンシステム化により、システムが一つのベンダーのハードウエアおよびソフトウエアで完結しなくなった1990年代以後に登場した（WP）。

日経コンピュータ
日経BP社が発行する定期購読者向けIT総合情報誌。隔週刊。

みんなフリーの「W・i・k・i」を使い出した

「フリー」の威力。石塚氏はまず二つの無料ソフトを教えてくれた。その一つが、ネットで急速に流行りだしたという「Ｗｉｋｉ（ウィキ）」だ。

「Ｗ・ｉ・ｋ・ｉ、Ｗ・ｉ・ｋ・ｉ」。ハワイ語で「早く、早く」という意味らしい。ネット上で共同作業をしていくためのツールだ。

いわば、みんなで書き方や読み方などのルールを決めたノートみたいなものだ。ネット上にそのノートがあり、誰もがそれを見ることができて、誰もがそのノートに好きなことを書き込むことができる。自分の考え、知識、情報などを書き足したり、書き換えたりできる。

あるテーマについて書きたいことや知りたいことがあれば、そのことをまず書く。すると、そのことに関心を持った世界中の仲間が、それに書き込みを始める。さらにそれに触発されて議論は盛り上がる。もっとも端的なＷｅｂ２・０

Ｗｉｋｉ（ウィキ）
共同利用を目的にインターネット上の文書を書き換えるシステムの一種。このシステムに使われるソフトウエア自体や、このシステムを利用して作成された文書群自体を指してウィキと呼ぶこともある（ＷＰ）。

の事例といっていい。

人間は誰でも「人の役に立ちたい」という願望を持っているようだ。かくして、世界中の仲間による素晴らしい**ポジティブ・フィードバック**がはたらく。

英語圏ではない日本人としては、世界中といってもピンとこないのかもしれない。ならばそれを日本中の1億台を超すパソコンやケータイと置き換えてもよい。それにしてもとんでもない効果が期待できることは容易に想像できる。

Ｗｅｂ２・０が巨大百科事典を創る

そのＷｅｂ２・０で良い事例がある。ネット上に存在する日本語版のフリー百科事典『ウィキペディア（Wikipedia）』だ。なんとすでに25万５７０７本もの記事（２００６年９月９日現在）が掲載されている。これらは参加者が自由に作り上げているもので、内容的な評価から、かなりの専門家が参加していることが想像できる。

ポジティブ・フィードバック
何かの事柄があったとき、それがさらに増幅される循環のこと。

もちろん、この『ウィキペディア』は世界中にさまざまな言語版で実現している。百科事典といえば、かつてはそれぞれ権威ある専門家の執筆で、大手出版社から高額で発売されていた。

しかし、どんな専門家といえども、ある意味、当事者にはかなわない面もある。専門家と称する「先生」よりも、その仕事に従事している担当者には情報面でかなわない。その当事者が百科事典に携わるのだから、良い物ができるに決まっている。

一方でまったくの素人が書いた記述もあるため、勘違いもあり得る。これまでのようにその世界の権威が品質を保証しているわけではない。しかし、間違った記述があれば、事情通の「良心、善意」が気が付いた時点で修正してくれる。

2001年1月15日に英語でスタートした「ウィキペディア・プロジェクト」。まだわずか5年しか経っていないのに、百科事典で有名な『**エンサイクロペディア・ブリタニカ**』が項目数6万5000程度であるのに対して、こちらはすでにその10倍以上の100万項目（英語版、2006年3月現在）にも及ぶ。

エンサイクロペディア・ブリタニカ
ブリタニカ百科事典（Encyclopaedia Britannica）。英語で書かれた百科事典。最初は英国で発行されたが、現在は米国で発行されている。第10版は日本にも輸入され、大英百科全書として紹介された。現在は第16版（全32巻）が市販されている。また、CD-ROMやDVD-ROMの形でも販売されている（WP）。

しかも、まだまだ増え続けているのだ。

つまり、とても高額だった百科事典が、今や無料になったといってもいい。

Ｗｅｂ２・０で情報共有の仕方が変わってきた

この「ウィキペディア」の威力、一種のコラボレイティブ・Ｗｅｂサイトだが、その力がすさまじい。いったい、このエネルギーは何だろう。「私たちは人間の善意を前提にシステムを作ろう」と話したというグーグルの創業者の言葉を思い出した。

まずは、人々の善意、あるいは良心の参加ができるシステムを作ってみたら、どんなことが可能になるのか。そこに悪意が混入したら、それはその時に考えよう。そんな考え方だろう。

この**コラボレーション・ソフト**が何よりもすごいのは、システムが自由に誰でも利用できるということだ。つまり、仲間内でとか、同じ会社の部署間とか、

コラボレーション・ソフト
特定のグループ内の共同作業の支援と業務効率の向上を図るためのソフトウエアのこと。

企業間でも使える。

かつて、企業の情報システムが独自のものであった頃、その開発を急ぐために、世界の3拠点で開発作業を進めていたことがある。この3拠点を一つのコンピューター（サーバー）につなぎ、東京で8時間作業してその成果をサーバーに残し、その次のステップをロンドンで8時間引き継ぐ。同様にその成果をニューヨークで8時間引き継ぎ、後にまた東京に引き継ぐというわけだ。それぞれが残業なしでも1日24時間をフルに使える。

もちろん、今でもそんなスタイルの開発体制はある。しかし今や、そのためのソフトは部品化されてオープンにネット上に転がっている。しかもその部品となるソフト、あるいはすぐに使える**業務ソフト**さえも、ネット上には無料で転がっている時代になった。世界のある人々が無料で、せっせと勝手に開発を進めてくれているのだ。

「人々の良心、善意で」と書くと、多くの読者は「ウソっぽい」と感じるかもしれない。実際、ソフト開発者の中にはそうした人々もいることは確かだが、

業務ソフト
コンピューターを使って特定の目的を果たすための高度な機能を統合的に提供するソフトウエアのうち、業務向けに作成されたもの（WP）。

突き詰めていえば、「あくなき興味の探求」ということだろう。

リナックスの開発者である**リーナス・トーバルス**氏は学生時代にある種の成果を出した時、すぐに仲間に公開した。自分の成果を隠して一儲けしようという考え方は彼にはなかった。その考え方が世界中に伝染した。今にして思えば、Ｗｅｂ２・０の先取りだったといえよう。

Ｗｅｂ２・０の考え方を浸透させたという意味も加味すれば、彼はマイクロソフトのビル・ゲイツに匹敵するほどの成果を挙げたといえる。得た報酬額はビル・ゲイツには比べ物にならないくらい少額だが、一面では、ビル・ゲイツが一生かけても得られない名誉を与えられた。

音質の良い電話もタダになった

石塚氏が教えてくれた二つ目の無料ソフト。それが、ネットを使って電話やチャットができる**「スカイプ」（Skype）**だ。私との情報交換にＷｉｋｉを使うとともに、スカイプを使えば、無料電話や無料のチャットが楽しめる。

リーナス・トーバルス
フィンランド、ヘルシンキ出身のプログラマー。Ｌｉｎｕｘカーネルを開発し、１９９１年に一般に公開したことで有名。２００３年６月、トランスメタ社から Open Source Development Labs（ＯＳＤＬ）へ移籍、ＯＳＤＬフェローに（ＷＰ）。

スカイプ（Skype）
ルクセンブルクの Skype Technologies 社のインターネット電話の無料ソフトウエア。インターネット電話のデファクト・スタンダード（事実上の標準）とみなされている（ＷＰ）。

このスカイプを駆使するには、まずこれを使うための無料ソフトをネット上から自分のパソコンに取り込まなくてはならない（インストール）。その上で、マイク付きヘッドフォン（ヘッドセット）を自分のパソコンに差し込めばよい。

この日、石塚氏がさっと私のパソコンにそのソフトをインストールしてくれた。そこで早速、東京・有楽町のビックカメラへ、ヘッドセットを買いに行った。3000円弱だった。

Logicoolという会社の製品だが、なかなかの高品質音声。音楽用CDや英語教材用CDを聞いているような音質なのだ。ネットでは音声をデジタル化して送る。そのデジタル化の際に、能率の高い符号化方式を開発、採用しているらしい。

この音質であちこちに電話できると、もはや固定電話には戻れない。ヘッドセットだから、本当につぶやくぐらいで会話ができる。相手の息づかいもしっかりキャッチできる。

Logicool
米Logitechの日本法人で、コンピューターの周辺機器の製造販売を行う株式会社。特にマウス、トラックボール、キーボードなどの入力機器が得意（WP）。

ただし、電話が途切れたり、切れたりというネット特有の難点もあることは確かだ。全体の品質で比べたらどうかと言われれば、「つなぐ」という面では従来の固定電話に、「音質」ではスカイプに軍配を上げたい。

実は、ビックカメラにはもっと安いヘッドセットもあった。たとえば、スカイプ推奨と明示したライブドア製が売られていた。２０００円弱だった。さらに、今や１０００円以下も登場している。

時に５００万人以上がオン状態に

スカイプを使うためのソフトをパソコンにインストールしておくと、パソコンの電源を入れると、すぐにスカイプが使える（オン）ことが表示される。同時に、その情報は、これを使っている世界中のすべての利用者に伝わる仕組みだ。

そのオンになっているパソコンの台数が自分のパソコン上にいつも表示されているが、その数、５００万台以上。５００万人以上の参加者同士が自由にチャット（電話のような電子メールのやり取り）や電話をしている可能性があるわけだ。６００万人以上がオン状態になっていることもある。

ヘッドセットさえ購入すれば通話やチャットの料金は無料だから、いつも長電話をする恋人同士や長距離電話、海外との電話にはもってこいなのだ。

後にこんな話を聞いた。

英国ロンドンに息子を留学させている、東京に住むお母さん。何かと心配で電話でコミュニケーションを取っているが、電話代がかさむ。なんとか1カ月3万円以下に抑えようと、いつも早めに電話を切っていた。

ところがこのスカイプを知り、息子にも連絡して、これに切り替えた。これで、いくら長電話をしても電話代は無料になった。しかも、お互いにパソコンを使うときだけ電源を入れることで、通話可能かどうかが一目でわかる。これも便利だ。息子は少しうんざりしているかもしれないが――。

考えてみれば、２００３年頃だった。ヤフーが日本で**ヤフーBB**のサービスを

ヤフーBB
BBテクノロジーのADSL回線サービスと、ソフトバンクBBのISPサービスとを統合したサービスの商標。

始めた頃、電話線でインターネットを使うためのモデムを無料で配布すると共に、ヤフー同士の電話を無料にした。日本における無料電話のさきがけだった。

ヤフーはさらに、**ボーダフォン**を買収、懸案だったケータイ・ビジネスに乗り込んだ。ビジネス面で遅れていたボーダフォンに活力を与えるために、ある種の無料電話サービスを取り入れるのではないか。そんな期待を持たせてくれる。

さらに、第４章で詳しく触れることになるが、グーグルもグーグル・トークという無料電話サービスを始めている。まだサービス面でスカイプにはかなわないが、徐々にサービスを拡充していくのは間違いない。無料電話の輪はますます広がる。

そして無料のテレビ電話のご案内がきた

ところで、スカイプで無料電話、無料チャットを使っていると、スカイプのバージョンアップのお知らせがきた。今度は電話が**テレビ電話**になるという。たしか、以前にもそんな連絡がきたように思うが、遅ればせながら、**ダウンロー**

ボーダフォン
ソフトバンク傘下の携帯電話会社。世界中に拠点を持つ携帯電話会社ボーダフォングループの日本法人だったがソフトバンクグループに買収され、２００６年10月１日に「ソフトバンクモバイル株式会社」に社名変更した（ＷＰ）。

テレビ電話
電話にビデオカメラとモニター画面を組み合わせて、相手の顔を見ながら話すことができるシステムの名称（ＷＰ）。

ダウンロード
コンピューター・ネットワークにおいて接続された他のコンピューターに存在するファイルをコンピューターに転送し、受け取ること。受信。対義語としてはアップロードが挙げられる（ＷＰ）。

ドしてみた。

ダウンロードは意外に簡単だった。案内通りにクリックしただけだ。ただし、パソコンにカメラを付けていないのでテレビ電話はできない。本当は画質をチェックしたかった。電話の音質もいいので、案外期待できる。

一時的かもしれないが恋人同士ならもってこいだ。離れた場所に住む孫とおじいちゃん、おばあちゃんとのテレビ電話もニーズはありそうだ。国内や海外に単身赴任している父親とその家族にとっても必要だろう。

自分のことも考えてみた。昨年訪ねてお世話になった米国に住む友人夫妻にもたまにはテレビ電話がいいかも。突然だと向こうも戸惑うだろうが、最初に連絡さえしておけば重宝に使えそうだ。一番使いたいと思うのは、英会話を教えてくれる外国人との利用。お互いに承知のうえで利用できるからだ。なにせ、タダなのだ。

2006年5月8日付け日本経済新聞朝刊17面の「ひと・ピープル」欄で面白

い記事を見つけた。京都で有名な二つのお寺を、無料テレビ電話の「スカイプ」で結んだというのだ。

導入を決めたのは、平安時代に創建された京都の**壬生寺**《みぶでら》貫主の松浦俊海氏（70歳）。松浦さんは２００５年7月に、奈良市の**唐招提寺**《とうしょうだいじ》の第85世長老に選ばれてから、１９８０円のスカイプ用のテレビカメラを取り付けて、両寺を無料テレビ電話の「スカイプ」で結んだのだという。しかも今後は、２地点ばかりではなく、３地点を結ぶテレビ電話会議も考えているとか。その先進性に驚く。

ところで、スカイプのバージョンアップはテレビ電話が加わったばかりではなく、電話の音質も向上させたということだった。スカイプには、音質のチェックのための電話先が表示してある。どう試せるのか、電話してみた。

すると、自動応答で案内された。自分の声を発すると、10秒後にその声を返してくるということだった。聞いてみると、確かに音質は向上していた。まるで高音質の録音機で録音・再生しているようだった。

壬生寺（みぶでら）
京都市中京区壬生にある律宗《りっしゅう》別格本山の寺院。本尊は地蔵菩薩、開基は園城寺（三井寺）の僧快賢《かいけん》である。中世に寺を再興した円覚上人による融通念仏の「大念仏狂言」を伝える寺として、また新選組ゆかりの寺としても知られる（ＷＰ）。

唐招提寺（とうしょうだいじ）
奈良市五条町にある鑑真《がんじん》ゆかりの寺院。南都六宗の一つである律宗の総本山である。本尊は盧舎那仏《るしゃなぶつ》、開基（創立者）は鑑真である。中国・唐出身の僧鑑真が晩年を過ごした寺であり、奈良時代建立の金堂、講堂をはじめ、多くの文化財を有する（ＷＰ）。

相手のパソコン画面が見られる

さて、その後も、石塚氏とのやり取りはますます頻繁《ひんぱん》になった。だが、パソコンやネットの使い方で、ときどきデッドロックに乗り上げる。リアル社会の言語とは異なるパソコン語やネット語に手を焼く方も多いだろう。

「えっ、どうするの。わからない。進まない。動かない。あれ、変になっちゃった」。私だけではなく、そんな経験は誰にもある。

すぐ近くのオフィスにいた石塚氏が再びやってきた。そして、私のパソコンに「**Jybe**」というソフトをインストールしてくれた。

もちろん、これもネット上にある無料ソフト。パソコンで相手とやり取りしているときに、相手のパソコンに映っている画面（**ブラウザ**）を自分の側でも見られるようにするためのソフトだ。

Jybe
ブラウザ同期ソフト。IEとFirefoxの拡張機能で、簡単なプログラムをインストールするだけで即画面共有ができる。同時にチャットも使える。

ブラウザ
インターネットのさまざまなサイトを閲覧するためのソフトウエア（WP）。

これで、遠隔地のパソコンからでも相手のブラウザを覗いて、「二つ目のボタンを一度クリックしてください」とか、「それを左クリックではなく、右クリックしてみてください。そこに表示されたものから3番目を選んで左クリックしてください」といった、懇切丁寧な指示ができるわけだ。

パソコン初心者向けにパソコンやソフト、ネットの使い方などを教えていただくにはもってこいのソフトだ。

Ｗｉｋｉの仲間に**ＳｅｅｄＷｉｋｉ**というのがある。これは特定の仲間と情報を共有し、話し合いながら何かを作り上げていくのに便利なツールだ。『ウィキペディア』が公開で、誰もが読み書きができるのに対して、ＳｅｅｄＷｉｋｉは仲間を特定するシステムで、プロジェクトごとに設定すると、仕事が極めてスムーズに運ぶ。

石塚氏と私はこのＳｅｅｄＷｉｋｉも使い出した。自分達のＳｅｅｄＷｉｋｉの場（サイト）には**ワード**や**エクセル**で作った資料とか、関連のホームページなどもそこに貼り付けられる。そうした資料をお互いに閲覧しながら、「スカ

ＳｅｅｄＷｉｋｉ
Ｗｅｂサイトで仲間と情報を共有するためのソフトウエア。特別なツールのインストールなどは必要はなく、プログラミングやＨＴＭＬ（インターネット用の共通記述言語）の知識がなくても問題はない。

ワード（Microsoft Word）
マイクロソフトがWindowsおよびMac OS X向けに販売している文書作成ソフトウエア（ＷＰ）。

エクセル（Microsoft Excel）
マイクロソフトがWindowsおよびMacintosh向けに販売している表計算ソフト。表を作成して合計の計算やグラフの作成などに用いられる（ＷＰ）。

イプ」を使うようになった。

「Ｗｉｋｉに昨日書いた原稿を置いたけど、読んだ?」「読んだけど、いまいちわかりにくいね」「そうか。もう少し具体例を入れようか?」といったやり取りが、スカイプの電話やチャットでできる。

スカイプで電話をするには、相手を選んだ後にヘッドセットを頭にかけて、電話マークを一度クリックするだけで相手を呼び出してくれる。チャットでもチャットマークを選べば記入欄が表示されるので、書いてから確定のエンターキーを押せば相手に飛んでいく。

チャットでは、会話中に必要なネット上のサイト（ＵＲＬ）も送れるし、添付資料も送れる。それでもなお詳しく聞いたり、相手を確認するには「Ｊｙｂｅ」を使う。まるで、相手がすぐそばにいるような感覚でやり取りできる。

やや細かな説明になったが、二人の間でこうしたやり取りができるということは、社内の仲間とも、取引先とも、企業間でも、こうしたやり取りができるということだ。つまり、極めて多くの仕事がこうしたツールを使って進めることができるわけだ。

しかも、こうした仕組みを作るソフトがすべて無料だ。ただ、多くのこうしたソフトが個人向けに限って無料をうたっているものの、企業ユースとなると有料になることが多い。それにしても、一からこうしたソフトやシステムを組むことを考えると、はるかに安い料金で使えるようになるのは確かだ。

同様のサービスはグーグルでも始めた（後述）。今後はこうした別のサービス会社との相互乗り入れが課題だ。

無料ソフト「ワクチン」の威力

もう一つ、私にとっては「事件」ともいえるショックなことがあった。2006年に入ってのことだ。私の娘からの連絡で、私のパソコンが「**スパイウエア**」に犯されていることが判明したのだ。ちなみに、娘はシステム・エンジニア（SE）で、天職と思うほどに仕事を楽しんでいる。パソコンやネットに関

スパイウエア
ユーザーに関する情報などを盗み取り、あらかじめ設定された特定の（情報収集者である）企業や団体・個人等に送信するソフトウエアのこと（WP）。

して、頼りになる相談先、ホームドクターだ。

スパイウエアは、パソコンに忍び込む**ウイルス**の一種で、それぞれのパソコンに格納してあるメールアドレスを盗み出し、そのアドレス先へ新たなウイルスを送り込んで悪さをする。

あるいは、盗み出したアドレスを使い、あたかもそのアドレスから送信したメールのように振る舞って、盗み出したアドレスに新たなウイルスを送り込む。アドレスに心当たりがあるから、早まってウイルスメールを開きかねない。

そんなウイルスメールを開いてしまうと、たちまちにしてまた新たなウイルスに犯されて、パソコンは機能不全に陥る。

ウイルスメールのアドレス情報を見た娘が、私のパソコンがウイルスに犯されているはずだとして、即刻処置するよう連絡してきた。

しかし、契約しているウイルス・ソフトで駆除を試みるも、なかなかうまくい

ウイルス
ここでは、コンピューターに被害をもたらす不正なプログラムの一種（ＷＰ）。

かない。近くのオフィスにいた、例の石塚氏がやってきた。早速、事態を説明した。

「このウイルス対策用の**ワクチン**がウイルス並みに邪魔だね」と石塚氏。小さい会社ながらも、**コーポレート・エディション**できちんとお金も支払っているウイルス対策用ソフトが、なんと邪魔だというのだ。

機能しない上に邪魔。それはショックだった。お金を支払って対策しているという妙な安心感は、まったく的外れだったのだ。そのソフトが最新のスパイウエアなどに対応できていないからだ。

「面白いよ」と言われた**グーグルアース**がなかなか見られないのは、そのワクチンが重かったりして少し邪魔をしていたようだ。しかも、ワクチンがきちんと機能していなかったことも判明した。

「これで当面は万全です」と、石塚氏がインストールしてくれたのが、ウイルス対策用のフリー・ソフト２種。なんと数時間ごとにバージョンアップをして

ワクチン
コンピューター・ウイルスの感染を妨害したり、感染したウイルスを検出したりする技術をアンチウイルスと呼び、それらを支援するソフトウエアをアンチウイルス・ソフトウエアや、ワクチンなどと呼ぶ（ＷＰ）。

コーポレート・エディション
企業向け仕様にした製品。

グーグルアース
グーグルが無料で配布しているバーチャル地球儀ソフト。世界中の衛星写真を、まるで地球儀を回しているように閲覧することができる（ＷＰ）。

いるというのだ。

有料ソフトよりも無料ソフトの方が機能面で越えてしまっている現実を、どう捉えたらいいだろうか。ここはビジネスの世界なのだ。「ボランティアの方が良い仕事をする」では見過ごせない。

マイクロソフトの「オフィス」機能も無料になった

「おはようございます」

「**パワーポイント**というのは、かなり使えるものでしょうか」

「お手すきになられましたら、お電話くださいませ」

ソリックの役員だった岡林里依さんからスカイプによるチャットメールだ。今は、**Rデザイン**を設立、その代表としても活躍されている。私がスカイプで情報交換している何人かのうちの一人だ。

スタッフとの打ち合わせが一段落した私は「電話します」とチャットを返し、

パワーポイント(PowerPoint)
マイクロソフトが販売するプレゼンテーション・ソフトの名称。同社の総合ソフト「オフィス・プロフェッショナル」に含まれている。プレゼンテーション・スライドをパソコン上で制作し、プロジェクターとスクリーンを利用して聴衆に視聴効果を与えながら発表を行える（WP）。

Rデザイン
有限会社Rデザイン。墨《スミ》アーティスト岡林里依氏が主宰するデザイン会社。岡林氏のデザイン・モティーフを活かしたプロダクトの制作・販売、アート作品販売が主な事業。

ヘッドフォンを耳に当て、スカイプの彼女の電話マークをクリックした。

聞けば、メールでパワーポイントのデータが届いたという。すでにどうしたらいいのか調べてあって、8000円ぐらいするスターターキットを買ってインストールする必要があるが、買うべきかどうか、念のため聞いてきたというわけだ。

私は「ビジネスにはパワーポイントは必須のツールだから購入してインストールすべき」と話したものの、「そういえば、フリー（無料）の「オフィス」があると聞いていたから調べてみたら」と付け加えた。

パワーポイントを知らなかった岡林さんだが、パソコンやネットのスキルは普通の人より長《た》けている。きっと、グーグルを使いまわしたりしたに違いない。20分もしないうちに、再びチャット・メールが来た。

「ありがとう。大成功」

「え、ホント？　どうやったか、後で教えてね」

「はい。**互換性**もバッチリ」
「素晴らしい。無料ですか」
「もちろん」
「バンザーイ。どこをどうやったか、メールください」
「http://ja.openoffice.org/　簡単」

なんともはや。これでマイクロソフトの売上はいとも簡単になくなった。私もこんな身近なところでフリー・ソフトを実感。チャットでご覧の通り、岡林さんもどれほど喜んでくれたことか。

そういえば私はそのやり取りの前日、栃木県にある二宮町の町役場が**リナックス・デスクトップ**を全職員が使っているという、日経ＢＰの高橋信頼記者の記事を読んだばかり。

そのなかにＯＳ（基本ソフト）をリナックスにしたばかりではなく、オープンソースの**OpenOffice.org**や**Firefox**、**Thunderbird**でワープロ、Ｗｅｂ、メールによる業務を遂行していると書いてあった。基本的にはすべてフリーのソフ

互換性
組み合わせるべき複数の部品の間で、お互いに置き換えることができる性質。また、その性質の程度を指す（ＷＰ）。

リナックス・デスクトップ
リナックスを採用した一体型パソコン。

OpenOffice.org
オープンソースによりオフィススイートを制作するプロジェクトの名称、およびそのソフトウエアの名称（ＷＰ）。

Firefox (Mozilla Firefox)
オープンソースを基本にしたＷｅｂブラウザの一種（ＷＰ）。

Thunderbird (Mozilla Thunderbird)
Mozillaを起源とし、オープンソース開発が行われているメーラー。

トだ。

ケータイ、パソコンなどハードも無料になっていく

岡林さんがダウンロードした「オープンオフィス」には後日談がある。事態はすでに「オープンオフィス」から「**シンクオフィス**」に進化している。

わざわざ自分のパソコンにインストールしなくても、使う時だけ、使いたい部分だけダウンロードして使えばいい。そういう仕組みが、すでにネットには用意されている。

プログラムさえも、自分のパソコンという「こちら側」ではなく、ネットの中のどこかのサーバーという「あちら側」に置き、それを必要な時だけ使う。その「オープンオフィス」の事例が「シンクオフィス」だというわけだ。

このように、パソコン用のソフトは無料で使えるものが山ほどある。しかも、どこにどんな無料ソフトがあるのか、グーグルやヤフーは無料で教えてくれる。

シンクオフィス（ThinkFree Office）
ThinkFree社製のJavaで作成されたオフィススウィートと呼ばれる統合ソフト。ワープロ（Write）、表計算（Calc）、プレゼンテーション（Show）、ファイラー（Folders）が含まれている。

数多くの有料ソフトウエア会社は困ることになる。

例えばこのごろ、まだ試験的とはいえ、グーグルは「**グーグル・カレンダー**」のサービスを始めた。このサービスは仲間内のスケジュール管理など情報を共有するというもの。一般的には「**グループウエア**」と呼ばれるソフトだ。

そのグループウエア・ソフトは、ソフト・メーカーの名前を出したらきりがないほど多い。まだまだそうした専門ソフト・メーカーとは異なる面は多いとは思うが、これまでのグーグルの開発力から考えると、追々、便利で使いやすいサービスが無料で提供されると想定できる。既存メーカーへの影響は計り知れない。

無料化が続くのはソフトばかりではない。ハードも無料化が続く。極端にいえば、ケータイ端末も無料になったと考えていいのではないか。すでに、0円で買ったケータイを使っている人も多いだろう。最新機種でなければ、0円ケータイは街中でよく見かける。

グーグル・カレンダー
グーグルにより提供されているWebカレンダー・システム。Gmailと連動している。

グループウエア
企業や組織内のLANを活用した情報共有のためのシステム。LANに接続されたコンピューター同士で情報の交換や共有ができるようになっており、業務の効率化を目指している（WP）。

そしてこの先、パソコン端末が無料になる日も近い。先にも触れたが「恵まれない子供たちのために」という理由で、米ＭＩＴが１００ドル（約１万２０００円）パソコンの開発を進めている。これに対して、グーグルが開発支援を表明している。

グーグルはすでに、無料のメール・サービスのＧｍａｉｌでは利用者一人当たり、なんと２・７ギガバイトものメモリーを無料提供している。メールで送受信する蓄積データを利用者のパソコンに置かずに、グーグルのサーバーに預かってくれるわけだ。

しかも今後、前述のような情報（コンテンツ）の格納ばかりではなく、プログラムさえも利用者から見れば「あちら側」のサーバーに置かれるようになる。つまり、利用者のパソコンは機能の軽いシンクライアント（機能の軽い利用者パソコン）でいい。

したがって、１００ドル・パソコンは、十分想定できる。実現すれば、もはや無料といってもいいだろう。１００ドル・パソコンが実現すれば「わが社のサ

ＭＩＴ
マサチューセッツ工科大学（Massachusetts Institute of Technology:MIT）。米国マサチューセッツ州ケンブリッジ市所在の私立総合大学。

ービスを使ってくれれば無料で差し上げます」というサービス会社が登場しても不思議ではない。0円ケータイならぬ、0円パソコンだ。

第４章

なぜ無料になるのか

無料化が進む要因は三つある

第3章で「何もかも無料に向かう」と書いた。無料の電話が登場し、無料のソフトが氾濫《はんらん》している。携帯電話機も無料になり、パソコンもそのうち無料になっていくであろう。

サーバーやパソコンの基本ソフトさえも無料のリナックス（企業向けでは有料サポートが現実的）がもてはやされる。ネットには無料のサービスが続々と登場してきた。

どうして多くのものが無料で提供されるのか。「無料」を提供している会社はどうやって稼いでいるのか。きっと裏があるに違いない。多くの人はそう思うだろう。

「無料化」が進む要因は三つある。一つは**ハード**面、もう一つは**ソフト**面での要因、そして三つ目はビジネス・モデルに伴う要因だ。

ハード
ハードウエア。あるシステムの物理的な構成要素、および物理的構成要素の集合体のこと。日本語で一般に言う機械。あるいは装置、設備（WP）。

ソフト
ソフトウエア。コンピューターが処理を制御するプログラム全般を示し、物理的装置であるハードウエアと対比させて言うときに使う。プログラムとほぼ同義だが、範囲は更に広い（WP）。

ハード面の要因としては、限りなく続く技術の進化が挙げられる。その一つはコンピューターの中核部品「**LSIチップ**」の低価格化が進んだことだ。もう一つは、**光ファイバー通信**の登場による。それまでの想像をはるかに超える大容量伝送が可能になったことで、実質的に大幅な通信コストの低価格化が図られた。コンピューターと、それをつなぐ通信網が劇的にコストダウンを果たした。

ソフト面でも、オープン化（ネットによる公開）に伴って無料ソフトが急増した。個人の趣味や企業のサービスなど理由はさまざまだが、とにかく無料で提供されるソフトは多い。無料でなくても、ソフトはまるで共通で使う部品のように扱われるようになった。ソフトもハードと同様、安い日用品（コモディティ）のようになりつつある。

三つ目の要因は、ネット・ビジネスのビジネス・モデルの変革に起因する。ネット事業者はまず、自社のサイトやコミュニティに魅力的な情報を無料で流す。そのサイトがにぎわえば、そこに付加される広告収入で稼ぐというビジネス・

LSIチップ
大規模集積回路のこと。特定の機能を果たす電気回路を一つの小型パッケージにまとめた半導体素子。

光ファイバー通信
離れた場所に光を伝える伝送路である光ファイバーを使った通信。大容量伝送が特長。

モデルを展開しているからだ。民放テレビ局が、視聴率を上げることで広告収入を上げる、というのと同じ原理だ。魅力的な無料のサイトが増え続け、さらに「無料情報」の提供が進む。

問題は、この「無料化」によって、既存のビジネスがどのような影響を受けるのか、どのような産業構造の変化をもたらすのかということだ。それを見極めるには、その「無料化」をもう少し深く追求してみる必要がある。なぜなら、それによってもたらされる構造変化が見えてくるに違いないからである。

車にたとえれば、エンジンと荷台が劇的に安くなった

ネットにつながっているコンピューターは、今やサーバーとパソコン端末の2種類といっても、それほど間違いではないだろう。一般の利用者から見れば、サーバーはネットのあちら側にあって、さまざまな情報やプログラム（機能）を提供してくれる。

一方のパソコン端末は、サーバーからの情報やプログラムを取り込み、仕事を

したり楽しんだりするこちら側である。サーバー側から見れば端末であり、それにつながるお客さんでもあるわけだ。クライアント・パソコンとか、単純にクライアントと呼ばれるのはそのためだ。

サーバーもパソコンも基本的なところは同じコンピューターである。おおざっぱにいえば、いずれも「計算・処理」を担当する**ＣＰＵ**（マイクロプロセッサ）と情報の蓄積を担当する**半導体メモリー**で構成されている。

車でいえば、ＣＰＵはエンジン、メモリーは荷台といえる。メモリーは半導体メモリーのほか、安くてたくさん積載できる**ハードディスク**というメモリーを載せるようになった。見かけは乗用車でも、大型トラックの積載能力があるようなものだ。

コンピューターの中核部品であるＣＰＵと半導体メモリーは、いずれもＬＳＩ（大規模集積回路）チップである。実は、このＬＳＩの高機能化、大規模化が「無料化」の一翼を担っている。長い間、高密度化への挑戦が成功しているからだ。

ＣＰＵ
シーピーユー（Central Processing Unit)。中央処理装置。中央演算処理装置もしくは中央演算処理装置。プログラムによってさまざまな数値計算や情報処理、機器制御などを行うコンピューターにおける中心的な回路である（ＷＰ）。

半導体メモリー
半導体素子によって構成された記憶装置。高速・高密度・低消費電力・大量生産が可能であり、低価格に製造もできるなど優れた特徴を持つ。コンピューター機器に組み込まれる記憶装置としては最も一般的な素子である（ＷＰ）。

ハードディスク
コンピューターで使用される磁気ディスク装置の略称。または、コンピューターで使用される磁気で読み込み・書き込みされる、ディスク媒体、および密閉型磁気ディスク装置に使用されるドライブ（ＷＰ）。

実はさらに、大幅な低価格化を果たす要因がある。このところCPUチップは、単純な「計算・処理」を速くすることばかりではなく、1チップのなかで多数の仕事をこなす機能までが盛り込まれるようになった。

それが、SOC（システム・オン・チップ）と呼ばれるCPUチップだ。システム全体の多機能を小さな1チップに取り込んでいる。かつては、いくつかの機能別CPUチップをボードの上で組み合わせてシステムを組んでいた。しかし、それが1チップで可能になってきた。劇的なコストダウンも理解できる。

いまだに「ムーアの法則」が生きている

CPUの開発をリードしてきたのは**米インテル**だ。その米インテルの創始者の一人である**ゴードン・ムーア**氏は、半導体チップ（LSI）に集積されるトランジスタ（機能素子）の数は18カ月で倍増すると提唱（予測）した。

1965年に提唱された「ムーアの法則」が、なんと40年も経た今でも、予測

米インテル
米国の半導体メーカー。主に、PC/AT互換機ならびにアップルコンピューター製Macintoshといったパソコン用のマイクロプロセッサやチップセット、フラッシュメモリーなどを製造・販売している（WP）。

ゴードン・ムーア
米インテルの設立者の一人であり、現名誉会長。1929年、米サンフランシスコに生まれた。ロバート・ノイスとともに1957年にフェアチャイルド・セミコンダクター社を、次いで1968年7月にアンドルー・グローヴと共にインテル社を設立した（WP）。

通りに進化している。２００６年４月にインテルは、いまだに「ムーアの法則」が続いていると発表した。

実は、当初は1年で倍増すると予測されたが、その後、2年で倍増に変更されたりした。現在は「1年半で倍増」が定説になっている。コンピューターやパソコンの中心的素材であるＣＰＵの高密度化は、そのまま低価格化につながる。これまでのどんな商品でも考えられない、恐ろしいほどの進化だ。この分野で果たしたインテルの役割は偉大だった。

TokyoBlogによれば「グーグルのディビッド・ベルコビッチ氏は、１９８２年と比較すると、ＣＰＵの性能は１**メガヘルツ**から３・５**ギガヘルツ**へ３５００倍の伸びを見せたと言っている。メモリー１メガビットあたりの価格は３５００ドルから11セントと３万分の１に下落。ディスク容量１メガビットあたりの価格に至っては、１２００ドルからなんと０・65セントと１８０万分の１に急落している」と紹介している。同じ製品でこれほどまでに下落するものがかつてあっただろうか。限りなく無料に近づいたと言っても差し支えないのではないか。

TokyoBlog
http://tokyo.atso-net.jp/ を参照。

メガヘルツ
周波数の単位で、10^6ヘルツ（Hz）。1000キロヘルツ（KHz）、0.001ギガヘルツ（GHz）に相当する。以前はMc/s（メガサイクル毎秒）あるいはメガサイクルと呼んだ（ＷＰ）。

ギガヘルツ
周波数の単位で、10^9ヘルツ（Hz）。1000メガヘルツ（MHz）、0.001テラヘルツ（THz）に相当する（ＷＰ）。

ネットの進化スピードがCPUを追い越した

さらにその後、LSIを上回る進化を遂げているのが通信回線の大容量化、低価格化だ。光ファイバー通信の進化に負うところが大きい。LSIもしくはそれを搭載したコンピューターを車にたとえるなら、通信回線は、いわば高速道路のような存在だ。

コンピューターより先に生まれた電話には、それをつなぐ通信回線と**交換機**が必要だった。まだ電話だけの時代には通信回線の線は細く、交換機も人手が必要だった。コンピューターが車だとすれば、電話は、せいぜい自転車だった。その当時の通信回線は高速道路ではなく、まだ整備が行き届かない狭い一般道路だったといえる。

一般道路上に、自転車の他に車（コンピューター）が多く登場、しかも高性能化が続いたため、高速道路（高速通信回線）の整備が間に合わなくなった。高性能の車を持つ多くの人達が交通渋滞に陥ってしまった。

交換機
電話回線を相互接続し電話網を構成するための装置。2000年代に入り、インターネット電話への置き換えが開始されたため、日本ではNTTなど電気通信事業者（キャリヤ）向けの電話交換機はほとんど製造されていない（WP）。

ところがその後、今度は幅広い高速道路（高速通信回線）の整備が格段に進み、どんな高性能の車もあっという間に通過できるようになった。光ファイバー通信によって、通信回線の超高速化が実現したわけだ。通信回線の「高速化」は、大量のものを速く運べるという意味で、「大容量化」と同じ意味だ。

アメリカの経済学者ジョージ・ギルダー（George Gilder）は２０００年の自著『テレコズム』で「通信回線容量は半年で2倍になる」と提唱した。これが「ギルダーの法則」といわれる。ただし、実際には1年で2倍程度で推移している。米サン・マイクロシステムズの創業者の一人であるビル・ジョイ氏も「通信網の性能／費用は1年で倍になる。通信網の費用／性能は1年で半分になる」と発表した。これが「ビル・ジョイの法則」だ。

その背景には、１９９０年代の、光ファイバー通信の目覚しい発展がある。直径わずか10ミクロン（１００分の１ミリ）という細いコアの単一モード方式が大容量化を実現したが、さらに1本の光ファイバーの中を、何百本もの光線を同時に送ることができるＷＤＭ（波長分割多重）技術などによって、通信回線の伝送容量は爆発的に増大してきた。

私の記憶では１９９０年代前半まではＣＰＵの進化に通信技術の進化が間に合わず、それが「交通渋滞」を招いていた。ＣＰＵの性能が上がり、より高速で通信したいのに、回線が遅い。例えば、大きな画像の処理が終わり、遠隔のディスプレイに表示しようとしても通信速度が遅いために一気に表示されないというようなものだ。

ネットの低価格化にＮＴＴ研究所が貢献した

ところが、１９９０年代になると、この立場が徐々に逆転してくる。ＣＰＵの進化を、「１年で倍増」の通信の進化が追い抜くわけだ。私はこの頃のことになると、ＮＴＴの島田禎晉氏（元ＮＴＴ伝送システム研究所長）のことを思い出さずにはいられない。彼と彼のグループがこの分野で多大な功績を残したからだ。安い通信コストを謳歌する新興ネット事業者も、こうした実績の上に成り立っている。

光ファイバー通信といっても、初期の段階では簡易型の**プラスチック・ファイバー**や、コア（光が通る部分）の直径が50ミクロンのマルチモード型**ガラス・ファイバー**、同10ミクロンの単一モード・ガラスファイバーなどがあった。

開発当時、米国の研究者がマルチモード型を中心に実用化を考えていたのに対して、島田氏は単一モード型を強く主張した。原理的にははるかに高速、大容量の情報伝送が可能となるからだ。光ファイバー通信の研究者として、その研究の行方が明確に見えていたのだろう。

コア部分がわずか10ミクロン（0・01ミリメートル）。例えば光ファーバー用コネクターを想像してみればわかりやすい。異なるメーカー同士のコネクターをガチャっと接続した時、きちんと10ミクロン同士のコアが接続するものかどうか。

米国技術者は50ミクロンの方に傾いていた。島田氏によれば「コア10ミクロンのための光コネクターの実用化には0・5ミクロンくらいの接続精度が必要だった。人間の血液中の赤血球の直径が約7ミクロンということと比較すると、

プラスチック・ファイバー
コアの素材としてプラスチックを用いた光ファイバーのこと。素材が柔軟で、製造しやすいが、光伝送損失が多い。

ガラス・ファイバー
コアの素材としてガラスを用いた光ファイバーのこと。高純度のガラスが使われており、光伝送損失が少ない。

大変な技術であることがわかるでしょう」と言う。

その後に続く伝送速度の限界への挑戦、１００波以上もの多数の光を同時に伝送する技術の開発には、どうしても単一モード型を選択しなければならなかった。彼らの執念が、今日の大容量化、低価格化を生んだといっても過言ではない。

島田氏は自分らによる著書『ブロードバンド時代の光通信技術』（新技術コミュニケーションズ）で、以下のように書いている。「１９８０年に、半導体メモリー（ＤＲＡＭ）の価格は64**キロビット**で約６０００円だった。１ビットあたりは10のマイナス２乗（０・01）円である。最近は１２８**メガビット**のＤＲＡＭが下落して１０００円強のようである。１ビットあたり10のマイナス６乗（０・０００００１）円になる。容量は20年の間に２０００倍になり、１ビットあたりの価格は1万分の1まで下がった」

「一方、光ファイバー通信は１９８０年に毎秒１００メガビットの伝送をしていた。当時、光ファイバーの費用を１メートルあたり４００円と見積もると、

キロビット
ビット（bit）は、コンピューターが扱うデータの最小単位。英語のbinary digit（２進数字）の略であり、２進数の１けたのこと。１キロビットは１０００ビットのこと。

メガビット
１メガビットは１０００キロビットのこと。

１キロメートルあたり、毎秒１ビットの情報を送るのにかかるコストは４×10のマイナス３乗（０・００４）円となる。最近は毎秒１**テラビット**伝送が商品化され、光ファイバーの価格は１メートルあたり10円。その結果１キロメートルあたり、毎秒１ビット伝送あたりのコストは10のマイナス８乗（０・０００００００１）円となる。伝送容量は20年間で１万倍になり、価格は１ビット伝送当たり40万分の１に下がった」

テラビット
1テラビットは1000ギガビットのこと。1ギガビットは1000メガビット。

リナックスに象徴されるコストダウンが進む

大手ＩＴベンダーはこれまで、多くのコンピューター技術者を注ぎ込み、ユーザー企業ごとに独自のシステムを売り込んでいた。今後は無料ソフトやソフトの共通化で、ユーザー企業の情報システムもコストダウンが図られていく。

大手ユーザー企業は、億単位が常識だった高額のメインフレーム（大型コンピューター）から手を引く。代わりに、数十万円から数百万円という低価格のサーバーを多数使い、お互いにつなぎ合わせて使うというシステムに徐々に移行していく。

サーバーは、ハードの部品化の象徴でもあり、そのメリットは大きい。万一に備えて「二重化」したり、「監視」だけを受け持つサーバーを用意したり、システムの拡大・縮小にも柔軟に対応できる。しかも、ハードの導入コストは一桁下がる。コンピューター・メーカーにしてみれば、その分、売上が落ちていくわけだ。

基本ソフトのOSにしても、ユーザー企業はオープン（無料が多い）の代表格であるリナックスの採用に踏み切るケースが目立ってきた。ただし、ネットにあるどれをどのように使うか、これは専門家に任せたほうがいい。もちろん、そのサポートは有料だ。既存の技術者の多くはそちらのサポート・ビジネスに向かっていくべきだろう。既に、米IBMは数千人ものソフト開発者をリナックス関連に投入しているという。

ユーザー企業の動向を見ても、企業システムの先進性で評価の高い**トヨタ自動車**や米大手金融会社の**モルガン・スタンレー**が本格的にリナックスの採用を決めた。このことは、リナックスが導入コストの面ばかりでなく、世界最先端の

トヨタ自動車
トヨタ自動車株式会社。日本の自動車メーカー。日本を含めアジアでのトップ、世界でもゼネラルモーターズグループに次ぎ第2位の販売台数を誇る、最大手級の自動車メーカー（WP）。

モルガン・スタンレー
米国の世界的な証券会社・投資銀行。日本でも3社の関連企業が活動している。

性能を高く評価された結果だとみるべきだろう。今後は、多くのユーザー企業も追随するに違いない。

巨大なコンピューターを駆使するグーグルにしても、その主体はリナックスを活用した巨大なサーバー群だという。膨大な人工ロボットの正体は、膨大なリナックス・サーバーだったというわけだ。

アプリケーション・ソフトもあちら側に移っていく

リナックスといった基本ソフト（ＯＳ）の上で動作するさまざまな応用機能のアプリケーション・ソフトにしても、オープン（無料）に公開されているものがかなり増えてきた。無料でないとしても、アプリケーション・ソフトの時間借りに徐々にシフトしていく。業務に必要な専門的なソフトでも、ネット経由で時間貸しサービスをするＡＳＰ（アプリケーション・サービス・プロバイダー）が台頭してくる。

第５章で紹介するグーグルのサービスのように、アプリケーション・ソフトも自分の情報を格納するメモリーも、利用する私たちから見れば、あちら側（グーグル側）に用意してくれる。このことも利用者にとっては「無料化」の大きな要因だ。

こちら側で使っている日本語文書入力のワードや表計算のエクセル、ページ・デザインやイラストを描くための**イラストレーター**、画像を処理する**フォトショップ**、外国語を日本語にしてくれる翻訳ソフトなどなど、さまざまなアプリケーション・ソフトが、次々とあちら側に移っていき、それらのほとんどが無料化されていく。

つまり、あちら側に置かれたWebアプリケーションを、その都度、ネットから引き寄せて使うようになる。こちら側のパソコンに使ってもらうために開発された、これまでの数多くのソフトは不要になる。ソフト会社には大打撃となる。

利用者（こちら側）のハードとしてのパソコンもこれまで高機能化が進んできたが、今後は搭載メモリーなどの軽量化が進む。現状での**メモリー容量**が変わ

イラストレーター
Adobe Illustrator（アドビ・イラストレーター）。アドビシステムズが販売するベクトル画像編集ソフトウエア。ドローツールとも言う（WP）。

フォトショップ
Adobe Photoshop（アドビ・フォトショップ）。アドビシステムズが販売しているビットマップ画像編集ソフトウエアである。フォトレタッチ・ツールを代表するソフトである（WP）。

メモリー容量
コンピューターにおける記憶装置が記憶できる情報量のこと。

らないとしても、今後の低価格化を見込むと、少なくとも金額的な軽量化が進む。その面でもパソコンは低価格化に拍車がかかる。

しかも、あちら側はさらに機能を充実させて、こちら側のさまざまなニーズに対応してくれるようになるだろう。端末としてのパソコン、ケータイ、あるいはさまざまな小型端末や**車載ＮＡＶＩ**でも、さまざまなアプリケーション・ソフトを使えるようになったり、さまざまな情報をやり取りできるようになるに違いない。

いずれも、こうした流れは、これまでのコンピューター・メーカーやソフト・メーカー、**ソリューション・ベンダー**には向かい風だ。これまでのような仕事は減ってくる。ただし、ネットの利用が進むから、メーカー、ベンダーのニーズが減るわけではない。要は、時代の変化に合わせたソリューションを提供できるかどうかということだ。

車載ＮＡＶＩ
ＧＰＳ（全地球測位システム）や車速パルス、ジャイロなどの自律航法装置を利用して、自動車の運行時に運転者に対して、ディスプレイ画面上に現在位置や目的地への走行経路案内を行う電子機器（ＷＰ）。

ソリューション・ベンダー
ここではＩＴを駆使したソリューションの構築を請け負う業者のこと。

第5章

巨大化するグーグルのサービス

グーグルの勢いが止まらない

米グーグルが発表した２００６年第１四半期の決算は売上高が22億５０００万ドルと前年同期の12億６０００万ドルより79％増加、前期の19億２０００万ドルから17％増加と、その勢いは止まらない。

また、海外事業の売上は、前期全体の38％だったが、今期は42％に伸びた。わずか３カ月で４％も伸びたということは、売上が米国中心から世界に急速に広がっていることを物語る。

売上が伸びている背景には、企業向けソリューションやＷｅｂサイト運営者との連携が好調であることも一因である。グーグルは通常の検索結果に付加される広告（アドワーズ）でも好調の一途を辿《たど》っているが、企業向けにもさまざまなサービスを提供している。

グーグルの検索が企業ネットワーク内だけを対象にしたサービスもその一つ。

５万から30万の**ドキュメント**をサポートする「グーグルミニ」、１５００万までのドキュメントをサポートする「グーグル検索アプライアンス」がそれだ。

企業向けでは、情報のセキュリティ対策が重要と思われるが、こうしたサービスが極めて便利であることは容易に想像できる。社員に公開してはいけない情報が、実はガードされていなかったということも知らせてくれる。

また、Ｗｅｂサイト運営者向けに、グーグル・アドセンスというサービスがある。サイト運営者がグーグル・Ｗｅｂサーチを導入すると、ターゲットを絞った広告が検索結果ページに掲載される。手間も費用もかけずに、サイト運営者も広告収入をシェアできる。

グーグルは、検索やＧｍａｉｌのサービスを無料で提供したために、アドワーズとアドセンスによって莫大な収益をあげているわけだが、そのあふれんばかりの利益を投入し、新たなサービスの拡充に努めている。

多くのネット利用者がヤフーやマイクロソフトの**ＭＳＮ**、楽天などのポータル

ドキュメント
説明、解説、報告などの目的でアプリケーション・ソフトで作成された文書。使用説明書のことを指す場合が多い。日本語では書類とも呼ばれる。

ＭＳＮ
米 Microsoft Corporation が運営するポータルサイト。「The Micro-Soft Network」の略（ＷＰ）。

サイトを使わずに、検索エンジン経由で直接ショッピング・サイトに行って買い物するようになっていくとどうなるのか。

楽天市場は、ネット・ショッピングを大きく切り拓いたが、今後は楽天のようなショッピングモールの存在意義がなくなってしまう。ヤフーのような総合ポータルでも同様なことが起こる。グーグルで検索、アマゾンでショッピングという「グーグルゾン」がまさに現実化する。

無料サービスの質と考え方に驚く

私はさまざまな無料サービスを提供するグーグル（Google）に出合い、その優れた無料サービスに驚いた。おそらく多くの人々が、そのサービスにとりこまれていくに違いない。少々「怖さ」も感じるのだが、とにかくグーグルは「すごい」「楽しい」「便利」だ。「個人個人に特定したきめ細かなサービスの提供」というところにWeb2・0の流れを感じる。

なにより、グーグルの「すごさ」を見せつけているのが、革新的な検索技術。

ネットにつながれた全地球規模の膨大なコンピューター（情報を格納し送り出すためサーバーと呼ぶ）から、求められた検索結果を瞬時に提供してくれる。

そのためには、自らも膨大な数のサーバーを持ち、「今、どこにどんな情報が蓄えられているのか」を把握するため、無数に近いバーチャルな**人工ロボット**を世界中のネットで徘徊させている。最先端のハード、ソフトでの「瞬時に検索」に命をかけている。

さらにここへ来て、ネットにつながるサーバーからの「検索」だけではなく、個人が使うパソコン（主として情報を受け取って処理するため、クライアント・パソコンと呼ぶ）でも、グーグルの検索機能が利用できるようにした。

つまり、個々のパソコン内だけの検索が可能になった。もちろん、前述のように、個々のパソコンだけではなく、企業内につながっているパソコンでの検索、団体内での検索が可能になる。

もう一つ感心するのは、グーグルが開発中のシステム、サービスを**ＢＥＴＡ**版

人工ロボット
ここでは、人の代わりに何らかの作業を行うコンピューター装置。コンピューターが得意な演算、処理では強大な力を発揮する。

ＢＥＴＡ
開発途中のハードウエアやソフトウエアのバージョンの総称。

と称してほぼすべて公開しているということだ。グーグルは「検索サービス」によって開拓した莫大な広告収入を次のサービス開発に投入しているわけだが、その次の手の内も明かしている。旧来の企業の常識では考えられないことを平気でやってのける。

その上で、基本的にはどんな企業、どんな個人にもグーグルとの協業を呼びかけている。例えば、世界中のサテライト写真や地図を表示する「グーグル・マップ」というサービスがある。グーグルはそのサービスにつながるための**インターフェース**（正式にはアプリケーション・インターフェースＡＰＩと呼ぶ）の仕様を公開している。

つまり、グーグル・マップと連動して新たなサービスを思いついた人や企業は、「どうぞ自由に開発してください」というわけだ。それによって、みんなで良いサービスを開発していくことを促している。発想はすべて、「オープン」という精神に基づいている。

インターフェース
二つのものの間に立って、情報のやり取りを仲介するもの。

2・7ギガを用意してくれる「Gmail」

ちなみに、グーグルがサービスしているWebメール「Gmail」を利用する人には、一人当たりなんと2・7**ギガバイト**もの大容量メモリーを無料でグーグル側のサーバーに用意してくれる。

私たちは、これまでの企業の仕組み、考え方について、革新的な変化が訪れていることを、強く意識しなければならない。

さて、例の石塚氏から、ソリックの私のメール・アドレスに「Gmailに招待」の連絡がきた。Gmailは、グーグルが提供しているWebメール・サービスだ。WebメールはGmailのWebサイトを訪ねて、自分のメール・アドレスとパスワードを入力すればメールのやり取りができる仕組みだ。

したがって、インターネットがつながっているところなら、どこでもメールのやり取りができるという便利さがある。しかも、「これまでで最も優れたメ

ギガバイト
略称はGB。情報の大きさを表す単位で、1GBは1024メガバイトだが、一般的な10進法に従って1GBを1000MB、1MBを1000KB、1KBを1000Bと表示する場合も多い。ハードディスクやDVDの容量を表すのによく使われる（WP）。

ール・サービス」と専門家から聞いていた。しかしこれを使うには、参加している人からの招待がなければ利用できない。実はそこで、石塚氏に「招待」を頼んだのだった。

石塚氏はせっかちだ。すぐさま「チャットの招待がきています」とソリックのメール・アドレスにグーグルから連絡がきた。急ぎ、まずは自宅のパソコンでGmailを開設した。グーグルからの案内に沿って、その手続きは極めてスムーズだった。

しかも料金は無料。そして、メールなどの保存容量はなんと2・5ギガバイト。それが自分のパソコンではなく、あちら側（グーグルのサーバー）に用意してくれる。さらに、日々、増量中とコメントがあった。確かに、違う場所では使える容量の表示があり、それによるとすでに2・7ギガバイトを超えていた。

こちら側のパソコンの事情に負担をかけない。パソコンのブラウザ（画面に表示するためのソフト）にしても、**インターネット・エクスプローラ**（IE）でも**ネットスケープ**でも**モジラ**や**オペラ**でもかまわない。

インターネット・エクスプローラ
マイクロソフト（米Microsoft Corporation）社製のWebブラウザ。

ネットスケープ
ジム・クラーク、マーク・アンドリーセン、ジェイミー・ザヴィンスキーらによって設立された米ネットスケープ・コミュニケーションズ社のWebブラウザ。省略してネスケとも呼ばれる（WP）。

モジラ
Mozilla Foundationによりオープンソースで開発されていたWebブラウザの一つ。Web標準のための勧告や規格にできる限り準拠していくという方針で開発されている（WP）。

さて、肝心な私のアカウント（メール・アドレスの＠の前の部分）。最も素直なarai.hisashiもhisashi.araiもすでに取られていた。同姓同名がいるのだろう。そこで、hisashi.q.araiとした。自分で設定したとはいえ、ミドルネームをいただいた感じになった。

ウイルス・メールは排除してくれる

Ｇｍａｉｌがいいのはまず、「送受信のメールの整理」だろう。新しいメールごとに**スレッド**（目次）ができるのだが、そのメールの返信とかＣＣなどの情報から、スレッドごとに関連メールを自動的にわかりやすく整理してくれる。しかも、メールに添付されてくる**ＰＤＦ**と呼ぶ画像ファイルや写真が、メール文の下に小さめに見える形で表示されているのも嬉しい。開く手間がいらない。

もう一つ感心したのは、ウイルス対策と迷惑メール対策だ。受信した添付ファイルを自動的にチェックし（スキャンと呼ぶ）、検出したウイルスを排除してくれる。

オペラ
ノルウェーのソフトウエア開発会社、オペラソフトウエア（Opera Software ASA）によって製作されたＷｅｂブラウザ（ＷＰ）。

スレッド
電子掲示板やメーリング・リストにおける、ある特定の話題に関する投稿の集まり。ある話題について初めに投稿をすることを「スレッドを立てる」といい、その投稿に関する返信や、その返信に対する返信を行うことでスレッドが形成される（ＷＰ）。

PDF
Adobe Systems社が開発・販売している電子文書のためのフォーマット。

ソリックの自分宛メールをＧｍａｉｌに転送して受け取るように設定したら、ウイルス・メールはまったく来なくなった。それまでは、石塚氏がインストールしてくれたウイルス対策ソフトが、頻繁に大声で「来たぞ来たぞ」とばかりに叫んでいた。そして、その都度、削除の作業をしていたのだった。Ｇｍａｉｌのお陰で快適になった。

ウイルス・メールばかりではなく、迷惑メールについても、グーグル側で自動的に判断して迷惑メール一覧に分類してくれるのもいいサービスだ。１日に30通以上もやってくる迷惑メールのスレッド一覧を簡単にチェックし、一括削除すればいい。

迷惑メールについてグーグルは、利用者の協力も求めている。受信者の判断で「迷惑メールを報告」ボタンをクリックすると、迷惑メールが受信トレイから削除されると共に、自動的に迷惑メール・フィルタの機能改善につながると説明している。「集団の知恵」を利用した迷惑メール撲滅運動だ。

「Ｇｍａｉｌ」は口コミで広がった

招待者だけによるＧｍａｉｌの仕組み。ネットコミュニティの「ＧＲＥＥ」もそうだと聞いた。誰でも入れるのではなく、会員の紹介、招待というスタイルを通すことで、利用者の質が高いのだという。一見、閉じた雰囲気を装っているが、この口コミ方式はあっという間に広がる。

その口コミで広がっているのがＧｍａｉｌだろう。Ｇｍａｉｌは紹介（招待）だけで利用者を広げている。私が石塚氏からＧｍａｉｌに招待してもらったのは、２００６年５月14日だった。

Ｇｍａｉｌに入ってみると、私から15人を招待できると表示されていた。なるほど、そうやって利用者を広げているのだ。口コミを上手く使っている。それにしても、利用者には１人あたり、２・７ギガバイト（日々、増えている）ものメモリー容量をグーグル側に用意してくれる。

実はその後、ソリックのスタッフなど数名をＧｍａｉｌに招待した。ところが、紹介した人に聞いてみると、その人から紹介できるメンバーはいずれも２名だけに制限されていた。

急速に利用者が増えることを警戒しているのかと思いきや、そんな心配は無用だった。グーグルは２００６年８月下旬に、招待なしでもＧｍａｉｌを開設できる体制を整えた。

このＧｍａｉｌ、まだＢＥＴＡ版（実際のユーザーに向けたトライアル版をこう呼ぶ）と明記、まだ開発中のシステムだとうたっている。そして、改善のための協力を呼びかけている。これもまさに「集団の知恵」を使っているわけだ。

実は、Ｇｍａｉｌに加えて関連のグーグル・トークの設定もした。それによって、チャットや無料電話もできるようになった。もしかして、今度はスカイプが不要になるかもしれない。

「Ｇｍａｉｌ」に広告が付いてくる

Ｇｍａｉｌを使い出して数日すると、メール内容に関連した広告がつく。確か、最初に設定するときに広告を付けてもいいかどうか聞かれた気がする。たぶん、それをＯＫしたのだろう。

メール内容に関連した広告だから、他人にメールを見られているような、ちょっと不快な感覚に陥ることは確かだ。これに対してグーグルは、個々のメールを人間が見ているのではなく、人工知能を持ったロボットだと説明している。だから、いわゆる覗きにはあたらないというわけだ。

それに、人によっては「うるさい」という意見もある。私にとっては、当初で物珍しいことも手伝って、むしろ興味深かった。便利な気さえする。実際、これは爆発的な広告効果があるのではないかとさえ思う。

例えば、私のあるメールでは「Ｗｅｂサイトの構築」の言葉が使われていた。

すぐさまメール本文の右に、次の広告が付いた。「テンプレートモンスター」「Hi-Design」「ホームページ作成3万円」「29800円でPHPの作成を」。ちなみに、こんなサービスも家電製品みたいにニキュ・パの時代になった。これもネット進化のお陰だ。

便利だが笑えるのは、メルマガに付いている広告にも反応していることだ。たとえばあるメルマガの冒頭についている「住友銀行グループのプロミス」。この広告キャッチ（テキスト）に反応して、右側に競合の広告が付いている。「あおぞら銀行　新規定期預金」「ネットバンク比較」「ジャパンネット銀行」「ビジネス口座で現金ゲット」「その他のスポンサー（続き）」などだ。これではまるで「住友銀行グループのプロミス」は、競合の広告を付けるために広告を出したようなものだ。

これもおかしいのだが、あるオーガニック・レストランからの定期的なメルマガ。右側に「イタリアンのお店情報なら」（ホットペッパーの宣伝）「洋菓子舗　ウエスト」「東京上野の老舗居酒屋」「クリーム・ドリームズ」（乳製品のショッピング）の広告がついている。自分の店のご案内のためのメルマガだが、読み手にはご丁寧にも、「他にもこんなお店がありますよ」と言わんばかりの広告が付いてしまう。

果たして、メルマガ広告のお店はグーグルに対して「広告を付けないで」と要求できるのか。それとも、受信者の希望でつけているわけだから、何も言えないのか。これから議論になりそうな気もする。

「グーグル・デスクトップ」で検索機能を取り込む

Ｇｍａｉｌに参加したついでに、グーグル・デスクトップを設定してみた。グーグルで「グーグル・デスクトップ」と検索すると、「グーグル・デスクトップ　ダウンロード」の検索結果が出る。それでそのサイトをクリックすればいい。

「ダウンロード」が案内されたら、それをクリックすると自動的にダウンロードが始まる。ただし、パソコンに使われているＯＳ（基本ソフト）は、

「**Windows XP**、または**Windows 2000 SP 3**以降が必要です。ダウンロード・サイズは２・０メガバイトです」と表示されている。

グーグル・デスクトップは自分のパソコンを便利に使うために、グーグルの検索機能を自分用に取り込むようなものだ。もちろん無料である。多彩なサービスへ１クリックで飛べる。例えば、次のようなサービスがある。

Ｗｅｂ上で画像を検索する「イメージ」

80億以上のＷｅｂページから検索する「Ｗｅｂ検索」

メーリング・リストやグループを作成する「グループ」

何千ものニュースソースから記事を検索する「ニュース」

ドラッグできる地図やサテライト写真を検索する「マップ」

便利なのは、画面に右側に並ぶ幅3センチほどの**サイドバー**だ。上から順に「メール」「ニュース」「Ｗｅｂクリップ」「スクラッチパッド」「写真」「地図」「タスク」などが並んでいる。このほかにもあるが、これがメインだろう。それにこれ以上は縦のバーに並びきれない。

Windows XP
２００１年に米Microsoft Corporationが発表したWindows NT系のＯＳ。XPは「経験、体験」を意味するeXPerienceに由来する（ＷＰ）。

Windows 2000 SP3
米Microsoft CorporationがWindows NT4.0の後継バージョンとして２０００年に発表したWindows NT系のＯＳ（ＷＰ）。

ドラッグ
マウスのボタンを押しながら動かすこと（ＷＰ）。

サイドバー
Ｗｅｂページの左側や右側に縦長に配置される表示領域。Ｗｅｂサイトの閲覧においてよく使う機能や情報が表示される。

私はこれらをパソコン画面の右側に縦に並べているが、これらをパソコン画面いっぱいに広げて使うこともできる。まるで、ヤフーとか楽天で使っているポータルサイト（すべての情報を案内している入り口）を自分専用に作ったみたいだ。

「メール」では新しいものから順に、時刻表示も含めて並んでいる。読みたければクリックすればいい。最初は少しだけ表示するが、さらにクリックするとメールサイトが立ち上がり、全文が読みやすく表示される。それを機に、受信トレイに飛び、すべてのメールをチェックできる。

「ニュース」には各メディアのニュースが並ぶ。これも届いた時刻と共に表示している。「Ｗｅｂクリップ」には最近、いつどこのサイトにアクセスしたのか、一覧されている。いずれも使い方は「メール」と同様だ。

「スクラッチパッド」は、いわば「ポストイット」のごとく。簡単にメモが入力でき、見やすいところに自動的に保存してくれる。気になっていて忘れてはいけない「ちょっとメモ」をパソコン画面に貼り付けておける。

「タスク」は、しなければならないこと、さまざまなプロジェクト、タスクなどの進捗《しんちょく》状況を管理してくれるツールだ。いわば、高級システム手帳といったところだ。

「地図」と「写真」は楽しみも運んでくる

サイドバーの「写真」と「地図」も楽しさを運んでくれる。「写真」では、このパソコンに保存してある懐かしい写真が常にスライドショーしてくれる。画面の大きさは3センチ角ぐらい。昔撮影した懐かしい写真をクリックすると拡大される。ダブルクリックすれば、写真は画面いっぱいに広がる。仕事中にも、ちょうどいい休憩、箸休めになる。

ちなみに、好みの写真、懐かしい写真、良い写真と思ってダブルクリックして大きく表示して楽しむと、それらの写真がスライドショーで数多く登場する気がする。おそらく、ダブルクリックする回数をチェックして、私の好みを探っているに違いない。

画面いっぱいに広げた、昔の懐かしい写真が表示された時にマウスを握ったら、「壁紙に設定」ボタンが現れた。クリックすると、**デスクトップの壁紙**はさっと変わった。スライドショーに現れた写真が、すぐに壁紙に差し替えられるのも楽しい。

サイドバーの「地図」も3センチ角ぐらいで、常に世界各地のサテライト写真がスライドショーされている。およそ、20秒ごとぐらい（時間設定は可能）。写真は例えば、ブラジル、仏ニース、ボストン、マドリッド、マサチューセッツ。そしてメキシコ、ローマ、イラク、ニューオーリンズなどと移っていく。

懐かしいニースの海岸が現れたので、思わずクリックしてみた。すると写真は画面いっぱいに引き伸ばされる。宿泊したことがあるホテル、お昼を食べに行ったホテル。あの時、ボーっとしていた海岸。道路の車はもちろん、砂浜の人影も見える。

デスクトップの壁紙
デスクトップの背景として使用される画像のこと。

そのまま「マップ」をクリックすれば写真から地図に切り替わる。しかも、いずれも**カーソル**やドラッグで自由に次々と空中散歩できる。写真の精度もいい。ランディング間近の飛行機の中から、地上の様子を眺めているみたいだ。

仕事の合間に昔の写真を眺めたり、空中散歩の写真を眺めたり。ほどよい仕事のブレークを実現してくれる。邪魔にならない。

ちなみに、地図のスライドショーでは欧米の都市が中心になっているようだが、中国、イラク、アイスランドなども現れる。中国の写真が現れたときにドラッグして空中散歩してみたら、ここは表示できませんという場所があった。もしかして軍事施設だろうか。スライドショーにはなぜか、日本の写真はなかなか現れない。

そこで、写真を大きくした際に、東京都港区あたりの場所を入力してみた。現れた写真はかなりの精度ではあるが、欧米の写真ほどにはよくない。最近建設された大きなビルの様子からすると、どうやら2年ほど前の写真のようだ。

カーソル
ユーザー・インターフェイスを構成する要素の一つで、指示や操作の対象を指し示すために用いられる（WP）。

郵便はがき

料金受取人払

牛込局承認

8776

差出有効期間
平成19年１月
15日まで
（切手不要）

1628790

東京都新宿区矢来町122
矢来第二ビル５Ｆ

風雲舎

愛読者係行

●まず、この本をお読みになってのご印象は？

イ・おもしろかった　ロ・つまらなかった　ハ・特に言うこともなし

この本についてのご感想などをご記入下さい。

〈愛読者カード〉

●書物のタイトルをご記入ください。

（書名）

●あなたはどのようにして本書をお知りになりましたか。

イ・書店店頭で見て購入した　ロ・友人知人に薦められて

ハ・新聞広告を見て　ニ・その他

●本書をお求めになった動機は。

イ・内容　ロ・書名　ハ・著者　ニ・このテーマに興味がある

ホ・表紙や装丁が気に入った　ヘ・その他

通信欄（小社へのご注文、ご意見など）

購入申込

（小社既刊本のなかでお読みになりたい書物がありましたら、この欄をご利用ください。送料なしで、すぐにお届けいたします）

（書名）　定価　部数

（書名）　定価　部数

ご氏名	年齢
ご住所（〒　-　）	
電話	ご職業
E-mail	

「グーグル・マップ」で空中散歩を楽しむ

グーグルの検索の窓に、自分の住所を入れてみた。検索結果の一番上にグーグル・マップが案内されている。それをクリックする。１秒もしないうちに、自宅周辺の地図が適度な尺度で表示された。著作権にはグーグルとＺＥＮＲＩＮの表示があった。両者が組んだサービスであることがわかる。

地図の右上に「マップ」と「サテライト」の切り替えボタンがある。「サテライト」ボタンを押してみる。これまた１秒もしないうちに地図と同じ大きさのサテライト写真に切り替わった。さらに、右上には印刷マーク、メール、このページのリンクボタンがある。

写真の右上には４方向のボタンと縦方向のボタンがある。４方向のボタンを使えば、西へ東へ、北へ南へ、自由に空中散歩が可能だ。４方向ボタンだけでなく、マウスの左ボタンを押しながらドラッグしても、表示を移動できる。それほど仕事に直結することは少なくとも私はないが、とにかく興味心をくすぐっ

ＺＥＮＲＩＮ
株式会社ゼンリン。地図の出版社。住宅地図に抜群の強みがあり、他にもパソコンの電子地図やカーナビゲーションの地図も製作している（ＷＰ）。

てくれる。空中散歩が楽しめるわけだ。

さらに、縦方向のボタンをいじってみた。真ん中辺まで下ろすと、地図は縮小されて関東平野全体に。さらに少し下ろすと日本全体の写真になった。一番下まで下ろしたら、最後は地球の模型になった。これも、写真だけではなく、マップに切り替えると日本地図や世界地図（地球儀）になる。

「Ｐｉｃａｓａ」でフォトショップが不要になった

グーグル・デスクトップのツールにはまだまだいろんな機能があるが、そのうちの「Ｐｉｃａｓａ」もなかなか有能だ。Ｐｉｃａｓａは、パソコン上でそのパソコンにあるすべての画像を素早く整理、編集、共有できるソフトウエアだと説明にある。もちろん、無料だ。

ちなみにこれも、グーグルで「Ｐｉｃａｓａ」を検索すると、そのダウンロード・サイトを案内してくれる。これも、利用するにはマイクロソフトのＯＳがWindows 2000/XP、インターネット・サイトを表示するためのブラウザはマイクロソフトのInternet Explorer 5.0以降との条件が付いている。

ダウンロードの後、Ｐｉｃａｓａを実行すると、瞬く間に自分のパソコンに入っている画像データを洗い出してくれる。デスクトップやマイピクチャー、マイドキュメント、メールなどに散らばって格納されている写真が、すべて一覧される。

左縦にファイル名が、右の広い画面にすべての画像を日付順に自動的に並べ替えて**サムネール**（小さな写真の集合した形で）表示される。しかも見やすい分類で、すべての画像コレクションを一気に、自動的に整理できる。

しかも、機能は豊富だ。「編集」機能を使えば、背景処理をはじめ、切り抜き、コントラスト、明るさ調整、赤目修正、傾き調整、拡大・縮小、回転などが可能。これらはこれまで、比較的高価な「フォトショップ」など専用ソフトを使っていた。もちろん、専門家には必要だが、少なくとも私にとってはフォトショップは不要になった。

サムネール
画像を縮小して一覧できるように一括表示したもの。

また、ラベル機能を使えば画像を簡単にグループ化できる。ラベルをつけた画像は、通常の閲覧や共有する場合にも使え、スライドショーやムービーを作成したり、メールで画像を送る際にも便利だ。好みの画像に☆印をつけることができ、一番お気に入りの画像コレクションをすばやく表示できる。

さらに、一つの画像に複数のラベルをつけることができるため、同一の画像を複数のアルバムに保存することができる。また、画像を他人に見せたくない場合、コレクションにパスワードを設定することで保護できる。

好きな画像でデスクトップの壁紙や**スクリーンセーバー**にすることも可能だ。また、ポスター作成機能も装備しており、画像を１０００％まで拡大することができる。作成されたポスター用の画像は、その他の画像と共に並んで表示される。一つ一つの画像を印刷してオリジナルのポスターにすることもできる。

画像を複数選択し、適用するテンプレートを選ぶと、さまざまな**コラージュ**を作成することができる。作成したコラージュはフォルダに保存し、新しいデスクトップの壁紙やスクリーンセーバーにもできる。

スクリーンセーバー
パソコンなどのディスプレイにおいて、長時間使用されていない状態（アイドリング状態）の際、画面にアニメーション等を表示させるユーティリティ・ソフトウエア（ＷＰ）。

コラージュ
写真、印刷物、映像などを切り貼りして作るもの。

しかも下のバーから1クリックでメールへ、印刷へ、ブログへ、オンライン写真屋へ、バックアップ用にCD－ROM焼付けへと、簡単で万全な機能がある。ドラッグ・アンド・ドロップ（画面上の対象物の上でマウスボタンを押したまま任意の場所まで移動させる操作）でアルバムを編集したり、ラベルを作成して新しいグループを作ることもできる。

なにせこれまでは、私にとっては写真の印刷だけでも一仕事。ホームページの日記に写真を**アップロード**するのも一仕事。それにCD－ROMに焼くのも一仕事だった。

写真集が見事に整理整頓された上に、これらの作業がさっとつながっている。ネットは自分と多数の誰かとつながっている実感があったが、まさに、ツール同士、プログラム同士がつながっていることを実感できる。

アップロード
コンピューター・ネットワークにおいてコンピューターに存在するファイルを、接続された他のコンピューターに転送すること。対義語としてはダウンロードが挙げられる（ＷＰ）。

「イメージ」や「モバイル」など工夫が進む

グーグルのサービスの中に「アラート」があった。ニュースや検索結果をメールで受信できるというサービスだ。あるキーワードを登録、それに関連のニュースが発生したらメールで知らせてくれる。

「モバイル」はいつでもどこでもケータイから検索できるサービスだ。そこで、自分のケータイ・アドレスを登録してみた。すぐにケータイにグーグルサイトが紹介された。早速、そのサイトを**ブックマーク**した。

グーグル・マップの検索で驚いたが、同様にケータイでも試みる。「寿司　六本木」と入力してみた。78万2000件のうち1―10件と表示された。やはり、近いところから順に紹介されているようだ。その前に六本木の寿司屋が3店舗、広告として紹介されている。しかも、もちろん、地図情報も表示されて、拡大・縮小もできる。私用にもビジネス用にも便利だ。

ブックマーク
英語で本のしおりのことを意味する。そこから転じてWebブラウザに任意のWebサイトのURLを登録する機能のことを指す。登録することによって、登録したURLにマウスのクリックだけで瞬時に移動可能になる（WP）。

ちなみに、ケータイでも「イメージ」検索があったため、「寿司」と入力してみた。すると、寿司関連の写真が９万９３００件のうち１―３件が表示された。実はパソコンでも「イメージ」検索に驚いた。同様にパソコンで「寿司」を検索すると９万５８００件のうち１―20件が表示された。どんな写真がどんなタイトル（解説）でどこにあるのかを教えてくれる。

私も仕事柄、便利に使える。著作権のことは後で確認するとして、特定人物の顔写真など、とりあえず確認用には使える。

「グループ」「カレンダー」も公開できる

さらに、「グループ」や「カレンダー」機能も興味深い。「グループ」を覗いてみるとすでに膨大なコミュニティがあった。そのうち、日本語のグループのすべてを見てみると、それぞれのコミュニティの数は参加人数10人以下が１２２７件と小規模のものが多い。10人から１００人の規模で１９２件、１００人以上が14件、１０００人以上が１件だった。

特定のテーマでは「コンピューター」が最も多く81件、「芸術、娯楽」が66件、「アダルト」が21件、「科学技術」が13件といったところだ。このうち81件あるコンピューターを覗いてみると、「インターネット」が30件、「ソフトウエア」が15件、「プログラミング」が14件、「オペレーティング・システム」が9件ある。さらに、30件あるインターネットを覗いてみると、「ソフトウエア」が6件、「ビジネス、金融」が3件、「ゲーム」が2件などとなっている。

戻って、72件あったリクレーションを覗いてみると、「スポーツ」が29件、「アウトドア」が9件、「旅行」が7件、「ゲーム」が7件などとなっている。これらを覗いてみるとさまざまな投稿がある。関連の広告も付いている。

「グーグル・カレンダー」もまだ開発途上版を意味するＢｅｔａ版がリリースされている。この種のカレンダーはヤフーやマイクロソフトのＭＳＮでもサービスされている。だが、ここまでくるとグーグル・カレンダーに興味が注がれる。

かつて、情報共有を目的に極めて多くのグループウエアが開発された。この

「カレンダー」もそのグループウエアの一種といってよいだろう。自分自身や仲間とのプロジェクト管理、タスク管理に使える。どこかに、「タスク管理のマイクロソフトのアウトルックも、グループウエアで名を馳せた**サイボウズ**も、もはや不要だ」と書かれていた。数多いグループウエアのかなりが不要になるのかもしれない。

カレンダー情報を公開できるのも特長だ。もちろん、多くの仕事情報や個人情報は公開できないことが多いが、企業やグループなどから公開、ＰＲしたいカレンダー情報もかなり多いはず。公開のイベント情報などもそのうちの一つだろう。こうした機能が、今後うまく利用されるに違いない。

「グーグル・マップ」と他のサービスがつながった

さらに、その後の進化を知ると、私は驚きというよりも、ある種の怖さを感じないわけにはいかない。佐々木俊尚著の『グーグル― Google 既存のビジネスを破壊する』（文藝春秋）に解説されているが、まさにそうだろうと思う。

サイボウズ
Ｗｅｂベースのグループウエア製品を中心に、企業向けソフトウエアを提供している企業。

グーグル・デスクトップからマップを一度クリックすると、マップを検索する窓が見える。その下には「地域情報や地図の検索がより簡単、便利になりました。グーグル・マップでは、指定した地域のお店やサービスなどを検索したり、目的場所の地図やその付近の様子を確認することができます」と説明がある。

例えば、検索窓口に、東京都港区六本木3－5－28と打ち込んでみた。即座にその周辺の地図が現れた。その住所の場所に矢印がある。周辺500メートルほどの詳細地図だ。矢印には「この場所を**デフォルト**登録する」というボタン（リンク）がある。とりあえず、それを押す。すると、住所の表示と共に「次回アクセスする際にはここが表示されます」と案内される。

実はその後、この地図を利用しなかったこともあり、ここをデフォルトしたことさえ忘れていた。1週間後に「マップ」をクリックしたら、この地図が表示されて思い出した。

驚いたのはその後だ。検索窓に「寿司」と打ち込んでみた。近くの寿司屋を知っていたから、案内されるだろうかと試してみたわけだ。ところが、なんと

デフォルト
ユーザーが入力するはずの値で、入力がなかったときのために、プログラム側で用意しておいた値のこと。初期設定値、既定値（WP）。

「寿司の検索結果1万４７００件のうち1―10件」と表示された。左側にＡからＪまで店名、住所、電話番号の表示があり、地図上にはＡからＪまでの札がそれぞれの住所に刺さっている。もちろん、知っている寿司屋さんも表示されている。

近くだから、1―10件は理解できるが、それにしても1万４７００件とはどういうことだろう。検索結果の一番下に表示される「次へ」をクリックすると、確かに延々と案内されていく。

そこで気が付いたのだが、寿司屋さんの場所が、最初の場所から徐々に遠くなっていく。まずはすぐにご近所を案内し、徐々に「もう少し遠くでもいいですか」といわんばかりにお店が案内されていく。それに伴って、表示されたお店の場所が表示できるまでに地図の縮尺も変わる。つまり、縮尺率の大きい地図に自動的に変わっていくわけだ。

途中で、ある寿司屋さんを指定すると、地図上にその場所が矢印され、店名、住所、電話番号のほかに、その店のホームページや雑誌などの案内ページへのサイトにリンクされている。「検索」のグーグルならでは。1クリックで画面はそこに飛ぶ。

さらに、「携帯に送信」もある。簡単に送れるようにケータイ各社の**ドメイン**を選べるようになっており、送り先のケータイ・アドレスを入れるだけでよい。いつもここに送るというボタンもある。試しに自分のケータイに送信してみた。もちろん、すぐに届いた。local-results@google.com からだった。店名、住所、電話番号のほか、地図の表示するURLが表示されている。それをクリックするとドコモのiモードが立ち上がり、その地図サイトが開かれた。しかもケータイ上の地図も拡大・縮小ができる。

もちろん、地図からの検索ではさまざまなお店やサービスを検索できる。ちなみに「マッサージ」は8030件、「図書館」は4340件、「バー」は1万9800件、「歯医者」は1万4000件、「コンビニ」は1万3700件。余談だが、どこまでのエリアでのデータかは不明であるものの、歯医者さんがコンビニの数より多く、過当競争で潰れているとテレビで放送されていたが、ほん

ドメイン
インターネットにおけるネットワークの組織を識別するための、世界的に唯一無二の文字列である。ネットワークに接続された組織ごとに管理を分け、その組織ごとに名称を決められるようになっている（WP）。

とうのようだ。

もちろん、こうした検索結果は寿司屋さんと同様、近くの店から順に案内されていく。「地図を調べる」「お店を探す」「お店の評判を確かめる」「ケータイにお店情報を送る」「ケータイに地図を送る」といった作業が便利に一つにまとまってしまった。

「書籍の全文検索サービス」で巨大電子図書館へ

グーグルは2006年5月11日、日本でも書籍の全文検索サービス「グーグルブック検索」を開始すると発表、出版社向けの窓口となるサイトを公開した。出版社から書籍やPDFファイル（書籍のコピー画像）の提供を受けて、グーグルが電子データ化して蓄積する。

利用者が専用サイト「グーグルブック検索」にキーワードを打ち込むと、そのキーワードを含む本の一覧が表示される。無料会員になれば、それぞれの本で、その言葉が出てくる個所の前後数ページ分の画像も、パソコン画面上で実物同様に見られる。気に入れば販売サイトに飛び、ネット経由で実際の本を買える。グーグルは本の販売につながった場合、手数料を受け取る。出版社に対しては「お客様の書籍をグーグルで、無料で宣伝できる」「世界規模のマーケティング・システム」というのが、グーグルの宣伝文句だ。

実はこのサービスは２００４年にすでにアメリカで始まっている。出版社のほか、米英の図書館とも提携して全電子化を進めているが、著作権問題も引き起こしているようだ。

日本に限っていえば、こうしたサービスは既にアマゾンが昨年秋から始めている。書籍の各ページを読み取るスキャナーの精度が向上したことと、活字ならほぼ１００％の確率で電子化できるという文字認識の精度が、こうしたことを可能にした。出版社からＰＤＦファイルが受け取れれば、その後の電子化はソフトウエア技術で可能だ。

「勝手なグーグルの意図」に警戒心が出てきた

「グーグルはアメリカそのものみたいな会社」というのは、あるネットの専門家の話だ。アメリカは、自分の価値感をまわりに押し付ける。その考え方で、地球を一つの国にしようとしているのではないかというのだ。グーグルにもそうした傾向に対する警戒感が出始めている。今やグーグルは、それほどに多大な影響力を持つ企業に育ってしまった。

グーグルは中国への進出に際して中国政府と取引し、天安門事件などのキーワードの検索をできないようにしたようだ。

Ｗｅｂマガジン「Hotwired」によると、米国の調査会社ダイナミック・インターネット・テクノロジー社が行ったテストで、中国でインターネットを通じて『グーグルニュース』中国版で検索を実行したところ、中国政府がアクセスを禁止したニュースサイトの検索結果が削除されていることがわかったという。

グーグルにしてみれば、中国政府の要求を飲むことによるマイナス面はあるものの、中国でのサービス開始というメリットを優先したということになる。中国でのインターネット利用は既に1億人を超えており、早期のサービス開始が求められていた。しかし、中国政府と検索条件を取引したことは、グーグルが人為的に手を加えたことを示したことになる。

2006年4月12日のライブドア・ニュースによると、グーグルのエリック・シュミット会長兼CEO（最高経営責任者）は4月12日に中国・北京で記者会見し、北京に研究センターを開設する計画や、中国語でのブランド名を「谷歌」とすることなどを発表したが、中国政府のWeb検閲へ協力したことについては「（中国の法律に従うという）判断は正しかった」との考えを示したという。

このほかにも、グーグルによる人為的な検索介入はいくつか報告されている。例えば、サイバーエージェントが担当した同社の顧客サイトがグーグルの検索対象からはずされたという事件があった。サイバーエージェントが、同社の顧客サイトを同社のグループ企業のサイトのように見せかけたのが原因だといわれる。サイバーエージェント関連のサイトはアクセス数が高いため、そのように見せかければ顧客サイトの検索結果が上位にランクされるからだ。

また、ドイツのBMWの本社も同じようなペナルティを課せられたことがあるという。グーグルも企業防衛上のこともあるだろうが、最近はこうしたトラブルが増加している。グーグルの検索方法を逆手にとって、不正とも呼べる仕掛けをされることもあるようだ。この業界に詳しい人によれば、グーグルは日々、自社のスタッフがユーザーの不正利用がないかどうかのチェックをしているという。

ネット上の百科事典『ウィキペディア』によると、グーグルの検索エンジンで本来なら上位にヒットするはずのWebサイトが、何らかの理由により検索対象からはずされてヒットしないよう操作されていることがあるという。特定のWebサイトが検索用のインデックスから完全に削除されてしまっているケースもあるらしい。

悪徳商法対策を掲載するサイト「悪徳商法？マニアックス」が、検索に掛か

BMW
ドイツのバイエルン州ミュンヘンに本拠を置く自動車メーカー。バイエルンエンジン製造株式会社の略である。メルセデス・ベンツ、アウディと双璧をなす高級車ブランドとして知られる（WP）。

らなくなったことから、同サイトの管理人がグーグルに問い合わせたところ、「日本の法律上、違法情報に該当すると判断され、Google.co.jp 及び弊社パートナーサイトから削除させていただきました」との回答があったという。

検索への人為的な介入。グーグルの「紳士的な判断」とはいえ、グーグルは一民間企業である。グーグルに都合の悪い情報の「検索」に、人為的な処置をしないと断言できるだろうか。今や、民間企業が「検索」から外されたら生き残れないというほどの深刻な事態に陥る。その判断は、グーグルという一企業に託されている。もはや、グーグルは私達が制御できない絶大な権力を握ってしまったのである。

第6章

産業構造はこう変わる

大手ＩＴベンダーは対応できなかった

ＩＴ業界に詳しい専門家がこんな話を明かしてくれた。ユニクロ（ファーストリテイリング）が店舗からの情報発信と本部とのコミュニケーションのために、Ｗｅｂ（ブログ）を利用するシステムを検討した時の話だ。

同社は、これまでに取引のあった大手ＩＴベンダーにそのシステム作りを打診した。ところが結局、その大手ＩＴベンダーでは対応できなかった。

仕事が回ってきたのは、Ｗｅｂシステム開発企業の**スカイアークシステム**だ。同社が「Movable Type」（**シックス・アパート**社のブログ作成ツール）を基本にした**ブログベース**のシステムを構築した。

ユニクロにはもともと、業界でも先進的な情報システム部長がいるからこその話だが、これは極めて象徴的な「事件」だ。問題は、これまでの大手ＩＴベンダーが安価で先進的な仕事を受注できず、社員十数人程度の小企業に取られた

スカイアークシステム
株式会社スカイアークシステム。ビジネス・ブログ、Ｗｅｂサイトの企画・構築、ＩＴコンサルティングを展開している企業。

シックス・アパート
シックス・アパート株式会社。米シックス・アパート（Six Apart Ltd.）の日本法人。ブログ・ツール「Movable Type（TM）」と統合ブログ・サービス「TypePad（TM）」を提供している。

ブログベース
ブログの活用を前提にした仕組みのこと。

ということだ。

このことはもう一つ、大事なことを含んでいる。受注できなかった大手ＩＴベンダーのことはさておくとしよう。それよりも大きな問題は、今、大手のＩＴベンダーを頼りにしている日本のユーザー企業の多くが、安くて効果的な先進システムを利用できない可能性が高いということだ。

つまり、「大手ＩＴベンダーからの情報」を決して鵜呑みにしてはならないことを十分に認識すべきだ。個人と同様に、企業も**ネット・リテラシー**を高めて、自己防衛に励まなければならない。

ちなみに、ユニクロは自社のホームページ内に商品ごとの「ユーザーズボイス」コーナーを開設。そこで、購入者や購入検討者の感想、意見などを投稿形式で掲載している。前述のように、インターネットによる「口コミ」を重視している。

そのコーナーを見たり、意見を書いている購入検討者は、購入するとすれば

ネット・リテラシー
ネットワークを自己の目的に適合するように使用できる能力のこと。

「納得して」ということになる。また、ユニクロにとっては、それらの意見を次の製品開発に活かすこともできる。

「エンタープライズ2・0」で基幹系と情報系が一つになる

情報システムの専門誌「日経コンピュータ」が2006年4月3日号で「エンタープライズ2・0　Webが開く新基幹システム」を特集した。企業の基幹システムが、「第2章」と呼ぶべき段階にきたとして、同誌が命名した。

企業（エンタープライズ）の情報システムはこれまで、基幹系と情報系の二つに明確に分かれていた。基幹系はその企業の事業を進めるためのシステムで、メーカーであれば、企画・開発から、受注、設計、製造、販売管理にいたるシステムや、その企業の社員の管理などのシステムも含まれる。多くは、その企業独特のシステムだ。

一方の情報系は、社員同士や取引先、あるいは顧客と情報をやり取りをするためのシステムだ。セキュリティがポイントになるが、当然ながらWebを使うことになる。

ところがここにきて、基幹システムも顧客のニーズをつかんだり、取引先との連動などを考えると、Ｗｅｂを使った方が好ましい。なにより迅速な対応が図れるからだ。課題は情報系以上にセキュリティ・チェックが肝心になるということぐらいだ。

そうした流れの中で、企業の情報システムは基幹系と情報系が統合化されつつある。同誌も次のように解説している。

「基幹系・情報系という区分は消失し、システムはより開かれた存在になっていく。顧客に直接システムを使ってもらうことが増え、操作画面は使いやすくなる。他社システムと連携し合って一つのビジネスを支えることもある」

ユニクロの例をみるまでもなく、さらにコンシューマーを強く意識したシステムの構築を目指す必要がある。

ユーザー企業向けの仕事はたくさんある

これまでに多くのＩＴベンダーが担ってきたエンタープライズ用の個別システムは、今後減少していく。大手ＩＴベンダーはどのような舵取りをするのか。また、無料のソフトがますます出回ってきたことで、**パッケージ・ソフト**を主たる業務にしていたソフト会社はどうなってしまうのか。

しかし、情報システムが使われなくなるわけでもなく、これからはますます使われる。それは事実だ。使われるサーバーの数にしても、まだまだ増加の一途であることに違いはない。

企業の基幹システムがＷｅｂとつながるとき、一番心配なのはセキュリティだ。いわば、企業システムの玄関の管理業務の強化が必要だ。取引先と効率的に情報のやり取りをするにはどうしたらいいのか。顧客の声を引き上げ、自社の製造やサービスに参加してもらうにはどうしたらいいのか。そもそも基幹系と情報系はうまく連動できるのか。

パッケージ・ソフト
狭義には特定の業務あるいは業種で汎用的に利用することのできる既製の市販ソフトウエアを指す和製英語。しかし現在では、パソコン用ワープロ・ソフトやユーティリティ・ソフトのような、個人向けの市販ソフトが一般的になったため、これらを含めることが多い（ＷＰ）。

さらに、情報システムが**エンドユーザー**とも連動した時、そのサポート体制はどのようにしたらいいのか。どこまで、自社の情報を公開したらいいのか。そのお守《も》りはどうしたらいいのか。

考えてみれば、これからますますＩＴベンダーの仕事は増えていくはずだ。課題は、どうやってサービス主体、サポート主体の体制に移行するかということだろう。「顧客参加型」システムに変えていくにはどうしたらいいのか。これまでの「売上」にこだわっていたら、専門のベンチャー企業の成長を許すだけだ。

ＩＴベンダーはますますサービス業に向かう

サービス主体、サポート主体の体制とはどういうものか。たとえば、ネットを利用するためのご案内サービス「コンシェルジェ・サービス」のイメージがわかりやすい。ネットを使いこなすには、利用者のリテラシー（利用能力、スキル、知識）が問われるからだ。利用者にはそのための便利屋さんが必要で、そ

エンドユーザー
あるソフトウエアを最終的に使うと想定される人々を抽象して「エンドユーザー」と称する（ＷＰ）。

れに応えることが大事だ。

これまでシステム構築などのＳＥをしてきたエンジニアは、ネットやさまざまなソフトを使いこなすためのサービスやサポートにシフトしていくに違いない。そちらのマーケットが大きくなるからだ。

米ＩＢＭは数年ほど前から「オン・デマンド」というキャッチフレーズを使い出した。お客様が必要なサービスを必要な時間だけ提供します。そのほうが効率いいですよというわけだ。どうやら**ＩＢＭ**は早くから、顧客から見ればあちら側、ＩＢＭから見ればこちら側に、個々の企業に必要なシステムを用意する、サービスの時代がやってくることを見通していたのかもしれない。

ただし、こうしたＩＢＭによる企業システムの「オン・デマンド」方式に、疑問をぶつける話もある。今や、企業の情報システムは経営そのものといわれるくらい事業に密接している。そのため、事業のノウハウが自社ではなく、ＩＢＭに蓄積されてしまう。さらに、ＩＢＭと縁を切れない仲になってしまうことへの是非も問われている。

ＩＢＭ
International Business Machines Corporation（インターナショナル・ビジネス・マシーンズ・コーポレーション）。コンピューター関連のハードウエア、ソフトウエア、サービスを提供する米国に本社を置く企業。日本法人は日本アイ・ビー・エム（ＷＰ）。

日本のメーカー、ベンダーはどうだったのだろうか。どうやら、その認識が遅れたのではあるまいか。わかっていたとしても、顧客に対しては、これまでと同様に一から構築する見積もりをする。決して、最初からオープンなソフト群を使ってこんなに低価格で可能ですとは言わない。その結果、賢くなった顧客が徐々に離れていく。そんな情景が見て取れる。

ソフト会社もサービス業に向かう

グーグルのさまざまなサービスを経験し、ネットにあるさまざまなフリーソフトを経験してみて、これでは、これまでのソフト会社は潰れてしまうのではないかと危惧《きぐ》を持つのは私だけだろうか。

実際私は、つい最近までメールに紛れ込んでくるウイルスを退治するために、有料のウイルス撃退ソフトを購入していた。前にも書いたが、これを石塚氏が無料の「最強の撃退ソフト」と置き換えてくれた。ひっきりなしにウイルスがやってきたことを知らせてくれて、「削除」しますか、どうしますかと聞いてくる。その都度、それに応対していた。

懇切丁寧な無料サービスだ。個人としては「無料」だが、普及して評判になり、企業全体で導入しようとすると、それなりのお金をいただく。たぶん、そのようなビジネス・モデルだと思う。

ところがその後、私はすべてのメールをグーグルのＧｍａｉｌに転送して使うようにした。今はすべて、Ｇｍａｉｌで受信している。しかも、Ｇｍａｉｌから送信するときも、あたかも会社からのメールから送信したように設定している。メールの相手には会社のソリックのアドレスから送受信しているように見えるが、実はすべてＧｍａｉｌで送受信しているわけだ。

こうすると、ウイルス・メールはまったく来なくなった。グーグル側が私に届くはずのウイルス・メールを自動的に削除してくれているからだ。しかも、１日に30通も届く、「**迷惑メール**」も自動的に分類してくれる。１日１回、「すべてを削除」でよい。

迷惑メール
大量送信するスパム（spam）の一部。主として、受信者の意図を無視して無差別かつ大量に一括して送信される、電子メールを主としたメッセージのこと（ＷＰ）。

しかも最近わかったことがある。私の会社宛のメールをＧｍａｉｌとケータイに転送していたのだが、ケータイへの転送をＧｍａｉｌ経由にしてみた。すると、ケータイにはウイルス・メールはもちろん、迷惑メールも削除してくれていた。つまり、ケータイ・メールには迷惑メールが来なくなったわけだ。

さて、そうなると、無料のウイルス対策ソフトさえも不要になった。

家電のデパート「**ビックカメラ**」へ行くと、有料ソフトが山のように積まれている。こんなのも、あんなのもと、これまでは感心して買っていた。だが、これらの多くは、次第に無料ソフトの前に姿を消していくに違いない。

グーグルがグーグル・カレンダーのサービスを始めた時も、ドキッとした。前にも書いたが、これに似たグループウエア（仲間で情報を共有するソフト）を提供するソフト会社は、これまた山のようにある。グーグル・カレンダーは、そのグループウエアの仲間だからだ。その機能がますます高度化された場合、専門ソフト会社として競争力を持ち続けることができるだろうか。

ビックカメラ
東京・池袋を中心に全国に展開している家電量販店を運営する株式会社ビックカメラ。群馬県高崎市が発祥の地。２００６年８月現在、23店舗で営業中（ＷＰ）。

こうしたパッケージ・ソフト会社も徐々に、さまざまなソフトの使い方を紹介したり、その組み合わせで新たな使いやすいシステムを構築したり、サポートしたり、というサービス業に近い業態に変化していくのではないか。私はそう、予想している。

米国ではWeb2・0に熱気むんむん

「Web2・0」はもともと、米サンフランシスコで技術系出版社の米オライリー・メディア社が2005年10月5日から3日間、「Web2・0カンファレンス」を主催したのが始まりだ。

「コラボレーション（協調）を強化した新たなインターネットという構想は、1990年代後半のバブル期を彷彿《ほうふつ》とさせる熱気を生み出しつつある」とHOTWIRED JAPANが2005年10月6日に伝えている。

オライリー・メディア社のティム・オライリー最高経営責任者（CEO）は、Web2・0を「参加の**アーキテクチャー**」だとし、「デスクトップ・アプリ

アーキテクチャー
物事の仕組みまたは構造のこと。

ケーション、ブログ、セルフサービス広告などに匹敵する各種Ｗｅｂアプリケーションを、星座のようにつないだ構造」だと定義している。

「集団参加型」であるところに、新しい風を感じる。米国で熱気が高まるのも納得がいく。日本でも一気にその流れが押し寄せ、すでにその鼓動が高まっている。これまでのコンピューターを中心としたＩＴビジネスから、利用者参加のネット・ビジネスへ、関連の産業界は大きく変貌していく。

Ｗｅｂ２・０ベンチャーに投資する

「この10年間でインターネットは、無料のさまざまなシステムが登場し、参加障壁が低くなった。インターネットは極めて安く、極めて使いやすくなった。Ｗｅｂ２・０とは、簡単に言うとそういうこと」と解説してくれたのは、**まぐクリック**会長の西山裕之氏だ。最近、社長から会長になり、親会社のＧＭＯインターネットの常務取締役として全般を見ることになったという。

同社は２００５年10月、ブログ・サービスなどＷｅｂ２・０関連のビジネスに

まぐクリック
メール・プロモーションやその関連のマーケティングを得意とするインターネット広告代理店。

取り組む企業に対するファンド事業会社であるGMO Venture Partnersを設立した。

同社のファンド「ブログビジネスファンド投資事業有限責任組合」が、5000万円を一口にして、この種のベンチャー企業に出資していく。日本企業としては最も早く、「Web2・0」というキーワードを持ち出した。

同社は、Web2・0系で、成長しそうなベンチャー企業を見出していく目利き役でもあるわけだ。すでにその第1弾として、**RSS**開発の**Jetrun テクノロジ**に1億5000万円を出資したという。

やや話は専門的になるが、同社が出資の対象としているのは「ブログ、RSS、**API**、**SocialWare**、**ajax**等のテクノロジーを基にした次世代型のインターネット・サービスや、独自の先端技術・事業モデルを持つベンチャー企業」という。

同社のほかにも、さまざまな投資ファンドが存在する。今後はこうしたファン

RSS
ブログなど各種のWebサイトの更新情報を簡単にまとめ、配信するための幾つかの文書フォーマットの総称（WP）。

Jetrun テクノロジ
RSS検索エンジンの開発やモバイル関連技術を提供する企業。

API
Application Programming Interface の略。アプリケーションから利用できる、オペレーティング・システムやプログラミング言語で用意されたライブラリなどの機能の入り口となるもの（WP）。

SocialWare
ネットワーク・コミュニティなどの社会的要素、または社会そのものを支援するソフトウエアやシステムのこと。

ドを受けて上場する企業も増えてくるはずだ。

多くの企業がWeb2・0勝ち組を目指す

もちろん、既存のネット事業者もWeb2・0企業を目指している。GMOインターネット取締役の村松竜氏が見せてくれたのが、日米ネット関連業界の勢力図だ。同社がベンチャー投資組合を立ち上げた頃（2005年11月17日現在）の主だったネット企業の上場時期と時価総額を示している。

Web2・0勝ち組は13・2兆円の米グーグル1社のみ。Web1・0勝ち組は米**イーベイ**の7兆円、米ヤフーの6・8兆円、日本ヤフーの4・4兆円、米アマゾンの2・2兆円だ。

その後、第一波組としてネット業界に参入した日本の企業。今にしてみればWeb2・0勝ち組を目指すことになる企業には、1532億円のサイバー・コミュニケーションズ、1357億円のサイバーエージェント、1336億円のGMOインターネット、783億円のDAC（デジタル・アドバタイジング・

ajax
非同期通信を利用したユーザー・インターフェース構築技術の総称。通信結果に応じてDHTMLで動的にページの一部を書き換えるというアプローチを取る（WP）。

イーベイ
eBay（イーベイ）。ネット通信販売やネット・オークションを手がける米国の企業。ネット・オークションでは世界最多の利用者を誇る（WP）。

コンソーシアム）などがある。

さらに、第一波組として2005年前後に上場した企業には、2012億円のガンホー・オンライン・エンターテイメント、1236億円のディー・エヌ・エー、693億円の一休、609億円のオールアバウト、535億円のカカクコム、476億円のネットプラス、457億円のエキサイトなど。この後も続々とWeb2・0期待組が上場を目指しているという。

ただし、少し気になることもある。これらの日本企業のほとんどが、その後、時価総額を上げていないことだ。というより、多くの企業が下げている。「ライブドア事件」が尾を引いていることもあろうが、多くの企業がグーグルやアマゾンという巨大ネット企業に飲み込まれてしまうのではないかと心配される。

Web2・0をキーワードにする会社

本書の執筆を始めた頃の2006年5月29日、これまでにお仕事でお付き合いのあった渡辺英志さんから5月31日付けで退社するとのメールが届いた。さらに、6月1日には「**ウェブクエスト**」に入社しましたとのメール。

社名からして、この本にも関連がありそうだった。しかも、まだ若いのに「ウェブソリューション事業部長」の肩書き。そこで、「どんな会社？、どうして選んだ？」と返信した。すると、すぐに返事がきた。

「Ｗｅｂ２・０というキーワードが出てきているとおりで、今までのＷｅｂは情報発信だけでなく、これからは、その情報（コンテンツ）を共有していく必要があります。まさしく、世界がつながり、世界規模のデータベースができることになります。技術的には可能になってきていますが、企業や個人が利用できる（促進）環境になるまでサポートしていく必要があります。それに向かう企業として評価した結果です」

同社は9年前に、オラクルで実績を持つ川田辰也氏が興した会社だ。Ｗｅｂやモバイルの専門家集団としてユーザー企業のマーケティング戦略、顧客開拓、情報管理、業務管理のお手伝いをすることで、戦略やコンテンツ、デザイン、システム、テクノロジーなどを総合的に提供する。そのほか、いくつかのオリ

ウェブクエスト
株式会社ウェブクエスト。Ｗｅｂの構築全般に関わる業務を展開している企業。

ジナル・サービスもある。

中でも売れ筋のサービスが成功報酬型のＳＥＯ（Search Engine Optimization）サービス。グーグルやヤフーなどの検索エンジン向けに、顧客のＷｅｂページが上位に来るように最適化を図るサービスだ。目標値に応じて料金が異なる成功報酬型を採用している。

面白いのが２００６年2月に開始した「リスとる」という**ＡＳＰ**（システムの時間貸し）サービス。ネット上からさまざまな公開データ、リストを収集する。たとえば、今、人材を募集している会社の一覧とかを集める。そのリストは、勢いのある会社一覧でもあるから、さまざまなセールスに使いやすい。なにより、人材派遣会社にとってはすぐ使える見込み顧客リストとなる。リアルタイムの情報を得られるのが強みだ。

さらに、渡辺氏の頭の中にあるのが「声ブログ・サービス」。ネット上の日記であるブログがおおはやりだが、その声版だ。最近はケータイでコミュニティ・サイトを読んだり書いたりするが、やっぱりケータイは電話が基本という

ＡＳＰ（アプリケーション・サービス・プロバイダー）
ビジネス用のアプリケーション・ソフトをインターネットを通じて企業などにレンタルする事業者のこと。企業は個々にソフトを購入、インストールする必要もなく、導入コストが抑えられる。

思いがあるという。ケータイで録音。ケータイで聞く。なにやら面白そうな予感がする。

寿司屋が実践しているＷｅｂ２・０の世界

「Ｗｅｂ２・０といっても、実はリアルな世界で実現しているごく当たり前のことでした」と、渡辺氏がこんな話も披露してくれた。

彼が自宅近くの寿司屋に行った時の話だ。最近、その寿司屋のお弟子さんが出した店に通うことが多くなり、４カ月ぶりであったという。

彼が現在の仕事についたのが３カ月前。新しい会社でＷｅｂ２・０のことが頭を離れないせいか、そんな目で寿司屋さんを観察してしまう。そこで、その寿司屋さんはまさにＷｅｂ２・０そのものではないかと思い当たる。

寿司屋なのでカウンターでの会話で料理が進んでいく。まずは、「しんこ」が本日のお勧めに書いてあったので、それを注文。

「こはだ」は好きだが、実は「しんこ」との違いがわからなかった。そこに大将が気づき、事細かに説明してくれた。大将は今でも築地に買い出しにいっており、「しんこ」の最新情報が頭に入っていたのである。

そう、それはまさに「Ｗｉｋｉ」の機能だ。

大将は「しんこが好きなら、アジの七味混ぜも合うからいかが？」と勧める。

おっと、これぞ、「**アマゾンのリコメンド**」だ。

そして料理が進み、お酒も進みだした。彼は、奥さんの父親が奄美大島出身ということで、先日奄美大島名産の黒糖焼酎を送ってもらっていた。そこで、ちょっと自慢話を挟んだ。大将が鹿児島出身であることを知っていたからだ。

そこで話は黒糖焼酎談義に発展した。すると大将は、すぐに棚の下から黒糖焼酎を出してきた。なんと幻の一品だそうだ。

ああ、これは「**はてな**」と「**Yahoo! 知恵袋**」の世界だ。

アマゾンのリコメンド
リコメンドとは、電子商店などでユーザーの好みを分析し、各ユーザーごとに興味のありそうな情報を選択して表示するサービスのこと。世界最大のネット書店アマゾンは、このサービスを効果的に活用している。

はてな、Yahoo! 知恵袋
両者とも、インターネット電子掲示板サイトのひとつ。日常のあらゆる疑問を他の利用者に質問したり、他の利用者の質問に対して回答している。

「はてな」は、株式会社はてなが提供している便利サイト。ブログが作れる「はてなダイアリー」、わからないことを誰かに調べてもらえる「人力検索はてな」、今話題のトピックがわかる「はてなブックマーク」などがある。

「Yahoo! 知恵袋」はヤフーが提供しているサイトで、利用者が質問と回答を投稿できる。利用者はカテゴリ別に Yahoo! 知恵袋に投稿された知識を探せる。

話は進み、隣のカウンターでもお酒の話で盛り上がっている。会話の中からそれなりにお酒に精通しているのがよくわかり、大将とはハイレベルの話に進展している。すると大将から隣のお客を紹介された。どうやら彼とお酒の好みが似ているとのこと。そこで再び話が弾んでいく。

彼は、これぞリアルな「**SNS**」と気づく。

焼酎の話をしていると、ふと目に入ったのが、その店の名前のオリジナル焼酎。彼が尋ねると、好きな蔵元にお願いして寿司に合うようアレンジをしているとのこと。

まさに、「**オープンソースを利用したカスタマイズ**」である。

SNS
ソーシャル・ネットワーキング・サービス。人々の「つながり」を重視して、趣味や嗜好・仕事関係・男女関係などの構築をオンラインでサポートするサービスの総称（WP）。

オープンソースを利用したカスタマイズ
ソースコードが公開されているソフトウエアの設定や設計を調整し、ユーザーの好みに合わせて作り変えること。

多少は彼のこじつけともいえるが、Ｗｅｂ２・０の正体をみつめ直してみると、その概念はリアルで、当たり前のように実現している。だからこそ、本質的でもあるといえる。別に新しくもなんともないが、定義を明確にすることによって、Ｗｅｂ２・０の良きガイドラインとなる。

すべてに当てはまるのではないが、成功事例の裏に共通する何かがあるのと同じではないかと、彼は気づき始めている。

ドリコムの「なぜブログが大事か」

この章の冒頭でも紹介した話のキーワードはブログだ。そのブログ・システムを専門とする企業が彗星のごとく登場した。ドリコムである。

昨年まではあまり表舞台に立つ企業ではなかったが、これまでに国内のさまざまなネット企業にブログ・システムを提供してきたのを武器に、２００６年２月９日に東証マザーズに上場、表舞台に現れた。

上場の際の1株あたりの募集金額は78万円だったが、上場3日目まで高値で値が定まらず、なんと初値は600万円。さすがに、その後の2006年10月には160万円前後で推移しているが、それでも産業界の期待の星であることを物語る。

同社の設立は2001年11月。京都大学の学生だった内藤裕紀氏が設立した。まだ5年足らずの会社だ。2006年9月現在の社員数は120名強。役員を含めた社員の平均年齢は約28歳だ。会社も社員も若い。

社員のうち約70%がエンジニアという技術者集団だ。技術力を駆使して、複雑な機能を簡単に提供するのが、内藤社長の考え方だ。すでに、GMOインターネットのヤプブログ!、**オリコンDD**のオリコンブログ、**DHC**のDHCブログ、**リクルート**のスマッチ!、サイバーエージェントのMicroAdなど、20社以上にブログ・システムを提供している。

このブログと検索エンジンが事業の柱だ。ネット事業者向けに提供していた技

オリコンDD
オリコンの全額出資会社。同社の「ORICON STYLE」サイト内に、音楽情報サイトとしては国内初のBlog サービス「オリコンブログ」をオープンした。利用料金は無料。

DHC
株式会社DHC（登記上の商号は株式会社ディーエイチシー）。化粧品、サプリメント（健康食品）、出版の総合メーカー（WP）。

リクルート
株式会社リクルート。1960年に東京大学の学生であった江副浩正氏によって創業された出版社。活字媒体にとらわれないさまざまな分野で情報サービスを提供している。人材輩出企業としても名高い（WP）。

術を、今度は一般企業に提供していく。さまざまなサービスがあるが、その中心的なサービスが「ブログオフィス」だろう。一般企業向けの社内ブログ構築サービスだ。

企業にとって、なぜ、ブログが大事なのか。ドリコムは旧来の電子掲示板との比較をこう語る。ブログは個人個人が自分の場に書き込むのだが、掲示板は公共の場に書き込む。ブログの敷居は低く、個人を正直に出しやすい。一方、掲示板の敷居は高く、自分を正直に出しにくい。ブログは能動的で良い情報が集まりやすいが、掲示板は受動的だ。

こういう見方もできる。ブログは自分のスペース、自分の庭であり、きれいに使いたい。一方、掲示板は公共物で、落書きされやすい。時に、人の嫌がることにも使われやすい。前者はポジティブだが、後者はネガティブだ。

たとえばこれが、ある営業チームだけに限ったブログ・システムだと考えたら、ブログがいかに前向きで能動的であるか、掲示板がいかに後ろ向きで受動的であるかが明らか。その営業チームの成績に現れることは容易に想像できる。

情報共有で議論される「**形式値**」と「**暗黙値**」の関係でも明確に説明できる。形式値はお互いに簡単に共有できる決まりきった情報だが、トップセールスマンの売り方ノウハウなどは表に出ないのが暗黙値だ。こうした暗黙値はブログを使うことで吐露されやすくなり、その結果、それをチームで共有しやすい。Web2・0の世界は、なにより個人の情報が出しやすく、共有しやすく、参加するみんなのためになる。それが根本にある。ドリコムが期待されるのは、それを先取りしているからだ。

形式値
グループ内で情報共有するために、決められたフォーマットにのっとった値または情報。

暗黙値
現場感覚や現実など、さまざまな経験則に基づいたノウハウなどの情報。これをグループ内などにわかりやすく提供する、形式値化が重要とされている。

ドリコム・ミーツ・スカイプ

ある日、GREEのページのヘッダーに無料セミナーの案内を発見した。そのタイトル「DRECOM meets Skype」に魅せられてクリック、参加することにした。

セミナーの構成は3本立てだった。スカイプ・テクノロジーズ日本オフィス・

ジェネラル・マネジャーの岩田真一氏による「ビジネスコミュニケーション・ツールとしてのSkype」、**ゼッタテクノロジー**株式会社eエンタープライズ・マネジャーの古田恵一氏による「ビジネスでSkypeを使うための管理手法」、株式会社ドリコムBS事業部オフィス事業部長の山本直人氏による「ブログコミュニケーションと音声コミュニケーションの融合」。

ここで改めてSkypeの進化を知ると共に、企業での導入が進んでいることを確認した。Webとの連携や無料電話、さらには一般電話やケータイ電話との通話も安くなる上、複数相手との通話ができたり、管理がしやすいのが特徴だ。

なにより興味があったのが、ドリコムの山本氏の講演だ。Skypeが話す、聞く、送るのリアルタイム・コミュニケーションであるのに対して、同社のブログオフィスは蓄積、共有、整理の蓄積型コミュニケーションであり、その連携が「社内活動のフローに新しい形を生む」と解説した。ブログの普及でメールのやり取りが減少していくというのも新たな視点だ。

ゼッタテクノロジー
ゼッタテクノロジー株式会社。ゼッタテクノロジーの研究開発などを行っている。日本におけるSkypeの研究・日本語版の開発コミュニティー「Skypeパートナーズ・コミュニティー日本（Skype Partners Community Japan、SPCJ）」の1社でもある。

同社による社内ブログの導入事例はすでに200社に及ぶという。その目的はさまざま。「情報共有ツールの導入コストを下げたい」「各社員のノウハウを共有したい」「メールを減らしたい」「内定者の辞退率を下げたい」「顧客とのコミュニティを作りたい」「同僚や他部署の情報を知りたい」「情報発信を増やしたい」「イントラ・コンテンツを簡単に作りたい」「教育・研修のツールにしたい」などなどだ。

社内ブログは今後、これまでのメールと同様に普及が進み、個人に関係づけられた情報を記録・管理する役割を担っていくことになるという。中小企業では情報を共有するためのグループウエアとしての役割を果たし、大企業では、用途に合わせたブログ・ツールが普及するという。

ｍｉｘｉとＧＲＥＥが新しい世界を促す

ドリコムに続いて、ｍｉｘｉを運営するＳＮＳの国内最大手株式会社ミクシィが2006年9月14日、東証マザーズに上場を果たした。公開価格は155万円だったが、初日に値が定まらず、翌日に295万円の初値がついた。ネット

ｍｉｘｉ
株式会社ミクシィが運営する、国内最大級のシェアを持つソーシャル・ネットワーキング・サービス。2006年8月に利用者数は500万人を超えた（ＷＰ）。

上の会員組織を上手く利用することで、新たなビジネスを生むと考えられているからだ。２００６年3月1日に３００万人を超えた利用者は、同年7月24日に５００万人を超えた。

同社は、笠原健治氏が１９９９年に設立した有限会社イー・マーキュリーが前身。その後、株式会社に変身しているが、株式会社ミクシィに商号を変更したのは、２００６年2月のことだ。現在も利用者を急速に伸ばしているが、その利用者の質や利用方法を疑問視する向きもある。単なる出会い系サイトとか、その体質は2チャンネル系とかいわれる。

これに対してよく比較されるのがグリー株式会社の**GREE**だ。２００４年2月に田中良和氏が始めた個人サイトが発端。同年12月にグリー株式会社を設立した。会員数はまだ60万人程度といわれるが、その将来性に目を付けたKDDIが、２００６年7月31日に第三者割当増資で3億６４００万円を出資した。こちらは、出会い系サイトの色彩は感じられない。いわば真面目サイトだが、いまひとつ利用が活発化していないともみられている。

GREE
グリー株式会社が運営するソーシャル・ネットワーキング・サービス。利用者数は約50万人。GREEの利用者から招待メールを受け取った人のみが登録できる完全招待制である（WP）。

しかし、いずれも利用者同士がお互いに情報交換しあうＷｅｂ２・０のインフラであることに違いはない。今後はこうしたインフラを利用して、どんなサービスが登場してくるのか。そこが注目だ。楽しい、便利なサービスがいかに乗ってくるのか、知恵の出しどころだ。

コンシューマーが創るメディアを活用する

Ｗｅｂ２・０の先端を走る仕掛人ともいうべき人とネットワーク・コミュニティのＧＲＥＥで知り合った。新しい時代のインターネット・マーケティングを提案するＥＡという会社を設立した、37歳の松本拓也氏だ。ＧＲＥＥでは「世田谷の Producer」を名乗っている。

彼は、広告代理店最大手の電通で3年ほどマーケティングを担当した後に退社。以来、Ｗｅｂマーケティング関連の起業をいくつか手がけてきた。その間、成果報酬型広告で米国特許を取得している。ちなみに、日本では、同特許が認められなかったという。

松本氏が1999年に設立したアクションクリックには、その後、電通ドットコム、三菱商事、中国興業（実父が経営する貿易会社）、電通、CCI、インデックスの出資を受けた。経営が波に乗った2006年5月に同社社長を退き、新たに、奥方を社長にして株式会社EAを立ち上げた。自らを起業家と称する。

EAは、SNSやブログなどCGM（Cosumer Generated Media）と、ネットやケータイとの連動、さらにはマスメディアを横断的に使ったクロスメディア・口コミ・マーケティングを得意としている。CGMとは、いわば、ネットに参加する多くの人々が作り出すメディアだ。

松本氏によれば、ブログはプロモーション・メディア、SNSはマーケティング・メディアと位置づけて、口コミ・マーケティングを企画・運用しているとのことだ。

文章、漫画、音楽、映像、ゲームなどのコンテンツが、こうしたCGMで新たに生まれてきており、クリエイターは積極的にこれらのメディアを活用している。これらのコンテンツ領域では、単なるプロモーションだけでなく、コンテンツの企画・制作にも関与するのが、彼のテーマだ。ちなみに同氏は1996年に「大阪縁日」というインターネット初のネットワーク・ゲームでマルチメディア（現在のデジタルコンテンツ・パブリッシング）グランプリの部門賞も獲得している。

「フラットで透明」を競う大変革へ

Web2・0の根っこにあるのは「フラットで透明」「集団参加」という考えだ。サービスを提供するベンダーも、利用するユーザーも、同じネットというガラス張りの中に存在する。その双方がフラットな立場で誰でもが自由に情報を得られ、自分の意見も発信できる。ネット革命はそうした環境を提供しているわけだ。

会社内を考えてみよう。社長から部長、課長、社員までが限りなく「フラットで透明」であれば、意思決定はなんと早くスムーズにいくことか。社長も部課長に実務の権限を委譲し、社員と同じレベルで議論する。そうした組織のフラット化が、意思決定の速い先進的な経営を可能にするとされている。

さらに、社内ばかりではなく、エンドユーザーの顧客までを含めて「フラットで透明」であれば、さらに画期的なことが進む。時には、ユーザーが新しい製品、サービスの開発要員としても機能する。

そんなことは無理だと思うかもしれない。しかし、考えてみれば、ＯＳ（基本ソフト）のリナックスは、いわばユーザーが開発した。開発者のリーナス・トーバルズはヘルシンキ大学の学生だった。自分が作りたいＯＳの基礎を作り公表したところ、５人が興味を示した。それがきっかけで、開発の輪が広がった。それはまさにユーザーの輪だ。

そして、そのリナックスを大手ＩＴベンダーも積極的にサポートするようになった。今や最も熱心なのはＩＢＭだが、日本の大手ＩＴベンダーも開発に協力したり、顧客に提供したりとサポートするに至った。

グーグルは今、自分達が何を開発しているかのほとんどを公表しているといわれる。しかも、開発環境を公開している。開発に参加したいユーザーはグーグルの開発環境を利用できるという。

グーグルが検索ソフトの**アルゴリズム**を公表しないのは、企業秘密だとしても、ユーザー参加型のこうした考え方は限りなく「フラットで透明」「集団参加」に近い経営姿勢といえるのではないだろうか。

アルゴリズム
なんらかの問題を解くための手順や仕組み、方法のこと。コンピューターにアルゴリズムを指示するための（電子）文書をプログラムという（WP）。

ユーザーが製品、サービスを開発する時代へ

ネットで起きているWeb2・0の考え方は、今や他の産業にも波及している気がしてならない。

2006年1月27日付け日本経済新聞27面の「経済教室」には、そんな考え方に合う寄稿があった。米MITのエリック・フォン・ヒッペル教授による「イノベーションの民主化」と題する寄稿論文である。

それによると、今や、メーカー主導開発に限界がきており、ユーザーに製品開発の協力を求めるべきだとしている。ヒッペル教授によれば、イノベーション

の大半はユーザー自身によるものだという。

驚いたことに、スケートボード、ウィンドサーフィン、スノーボードなどは、スポーツ用品メーカーではなく、ユーザーが開発。人工心肺も医療機器メーカーではなく、ユーザーである医師の手による製品開発だったという。

同教授は、ネットの普及で、先進ユーザー同士のコラボレーションも極めて簡単になったことから、先進ユーザーが開発した成果をお互いに共有しあうことで、製品やサービスの開発で画期的な進歩が見込まれるというのだ。

多くの企業の製品、サービスの開発に当たっては、もはや「顧客のご意見」を求めるというレベルではなく、「顧客が開発参加」という、さらにもう一つ上のレベルで製品が生み出されている。

これも、「集団の知恵」を活かすというＷｅｂ２・０と共通性がある。

Web2・0時代でメディアも変わる

「ネット広告の効果」で、私は若いときに参加していた雑誌「日経エレクトロニクス」誌を思い出した。確か、まだ約3万部だったと記憶しているが、隔週刊の1冊に1億円以上の広告が入った頃があった。

次々と家電や電子機器が開発される時代、「電子機器を設計・製造する技術者のための雑誌」に広告が集中したわけだ。今、計算してみると読者が3万人ほどだったから、なんと読者1人あたり3000円強の広告が集まったことになる。広告主にとっては、的が絞られたメディアであったわけだ。

新聞などが大部数を誇っていても、広告主から見ると、関係ない読者も多い。読者数が少なくても、読者の関心が揃っていることで雑誌は収支が合う。しかし、あまりに少ない部数の雑誌ではビジネスとして成立しない。リアルな雑誌を作るためには、ある一定の**メカニカル・コスト**がかかってしまうからだ。

メカニカル・コスト
基本的に必要な物理的なコストのこと。

しかし、ネットの世界では、そのメカニカル・コストもかなり下がる。わずかの部数でもそのコンテンツ（情報）に沿った広告は効果的で、ビジネスが成立する可能性も出てくる。あらかじめ登録しておいたコンテンツの新ニュースだけを伝えてくれるというＲＳＳサービスなど、それに沿った広告掲載でビジネスが成立する可能性がある。

同じ読者であっても、ネットだから気軽に日々、登録コンテンツを変更することも考えられる。しかし、そうしたニーズにも簡単に応えられるのがネットの強み。それに沿った広告を付加すればいい。読者の嗜好は変化するものだ。

個々のニーズに日々対応する情報メディア。メディアにとってＷｅｂ２・０とは、そういうことだろう。それに、参加者自身が口コミというメディアそのものになっていることも大きな変革である。

第7章

どんな未来を拓くか

Web2・0はSNSの発展を待つ

ネットコミュニティのGREEに、「IT／モバイルの仕事。平日夜の粋な勉強会」というコミュニティがある。「ジェントルふじふじ」さんこと藤永真至氏が主催する勉強会だ。登録者は約350名だが、実際の勉強会に参加するのは毎回、約20名。これまでの十数回の勉強会に参加したユニーク人数は約160人だ。私も時々、参加させていただいている。内容も参考になるので、まずは、2006年8月18日にコミュニティに流した藤永さんの報告を、かいつまんで紹介しよう。

昨日はSNSの代表例のGREEとm・i・x・iの勉強会。お盆休みにもかかわらず、参加者は19名。以下はその講演要旨。
ふだん何気なく使っているGREEやm・i・x・i。日本でのSNSは2004年にサービスが始まった。2003年に米国で流行した**orkut**（グーグル）や

orkut
ユーザーが新しい友人と出会い、かつ既存の関係を維持するのを助けることを目的としたバーチャル・コミュニティ。2004年1月22日に検索エンジン提供会社グーグルの社員であるOrkut Buyukkokten が設立した（WP）。

friendstarが機になった。

日本のＳＮＳで招待制が多いのは、orkutにならってのこと。日本で初のＳＮＳは、**ネットエイジ**の合コンＳＮＳ「ＧＯＣＯＯ」だが、すでにない。つぶれてしまった有名なＳＮＳは数知れない。しかし、ネットエイジが大株主のｍｉｘｉは２００６年９月にマザーズに株式を上場する。現在、国内にはＳＮＳは５００以上存在する。

ＧＲＥＥやｍｉｘｉは開始30週で10万人を突破した。おそらくＳＮＳという存在に、その時点で反応する人の囲い込みに成功したのだ。しかし、そこから両者の違いがでた。ｍｉｘｉが30万人を突破したのは46週だったが、ＧＲＥＥは１００週かかった。ｍｉｘｉはすでに５００万人を突破した。

その理由はいくつかあるといわれている。ｍｉｘｉが**ファインドジョブ**という媒体を持っていたのが成功の一因ではないか。一方のＧＲＥＥは株式会社化が遅れた。ｍｉｘｉはインターネット内で評判の悪い「２ちゃんねる」の要素を容認したが、ＧＲＥＥは堅い面を強調した。

friendstar
スタンフォード大学の卒業生がはじめたＳＮＳ。

ネットエイジ
株式会社ネットエイジ。インターネットに特化したインキュベーター企業。

ファインドジョブ
株式会社ミクシィが運営する求人情報サイト。ＩＴ系に強く、クリエーターやエンジニアのほか事務系や営業・企画系の求人情報を取り扱う。

しかし前回、クチコミで勉強した我々からすると、ポイントは、「コアターゲットの調教」の違いではなかったか。

m・i・x・iは、「無敵会議」というm・i・x・iとは関係ないメンバー85名が、m・i・x・iと関係ないところで、ビジネス・モデルについて語り合う、といったシンパにサポートされた。

間接的にもm・i・x・i側にもそういうアイデアが入っていった。そういったメンバーは、m・i・x・i上（ON）でも、リアルな交流会（OFF）でもコミュニケーションのやり取りがされ、幅広いゾーンに波及していった。

つい先日、m・i・x・i代表の笠原さんが、「もう一度m・i・x・iを作ってくれといわれたら、できないでしょう」と言っていた。彼の人柄もあって、m・i・x・iシンパが生まれたのだろう。

GREEはというと、そのころ、運営者主催で利用者の大交流会をやってしまうような薄い付き合いをしてしまっていて、コアメンバーが楽しむような点がなかった。初期の10万人はｍｉｘｉにもＧＲＥＥにも入ってしまっているから、ｍｉｘｉに注力せざるを得なかった状況だったのかもしれない。

しかし、この勉強会はＧＲＥＥだからこそ成立している（ｍｉｘｉではこんな堅い勉強会は難しい！）し、これからビジネス層に波及してくるだろう。ＧＲＥＥ代表の田中さんもこれからが正念場だ。

ちなみに米国では、**マイスペース・ドット・コム**が５０００万人、クラスメイツが１４７０万人。日本では、どこが覇権をとるかまだまだわからない。

以上が講演。その後のワークタイムでは、「今後どんな機能を、ｍｉｘｉあるいはＧＲＥＥに搭載してほしいか？」を議論。その模様は別のサイト（イベント・トピック）に上げた。読んだり、コメントを残して欲しい。二次会は麻布十番の「縁縁」で、12名が参加。

次回はＳＮＳのビジネス・モデルの勉強会。

マイスペース・ドット・コム
米国最大手のＳＮＳ。メール、フォーラム、イベント・クリエーターなどの機能を備えており、若者に必要なネットコミュニティに必要な物を提供している。

最後におまけの豆知識。ＳＮＳ成立の背景にある統計学の法則から。

「六次の隔たり」

知り合いを６人以上介すれば、六次で世界中の誰にでも間接的につながる。

ｂｙスタンレー・ミルグラム（１９６７年　社会心理学者）

以上のように、藤永氏は毎週、興味のある先端的なテーマの講師を見つけると共に、参加者にていねいな呼びかけ、ていねいな報告を続けている。それが参加者の創発を生み、Ｗｅｂ２・０的な世界が広がっていく。

「リアルのため」にネットを使いこなす

藤永氏主催の勉強会に参加した一人はこう語る。

「この勉強会のいいところは、自発的に勉強したいと思っている人が、さまざまな業種から集まっていること。知識のレベルもばらばらだが、講師と生徒という一方向の関係というより、講師がお題を出し、みんなで話し合う的なインタラクティブな勉強会であること。参加者は非常にインスパイアされることが多い」

さまざまな業種からとはいえ、参加者の自己紹介を覗いてみると、やはり、この時代を反映したコアな人々が集まってきていることがわかり、極めて興味深い。はじからかいつまんで紹介すると、こんな感じで自己紹介されている。

Ｗｅｂ関連を中心とした広告企画、コンテンツ制作の会社です。Ｗｅｂ屋です。ほとんどブログ屋です。中堅通信・ＩＴ企業です（プロバイダー・ＣＡＴＶと手広くやってます）。ＣＧＭサイト構築企画です。ＩＴ系・モバイルの広告＋メディア、広告代理店（デジタル・プロデューサー）、モバイル系コンテンツ制作、ＩＴ系コンサルティング（近くＷｅｂ的なサイトを立ち上げます）、ＩＴ総合情報サイトの運営、某経済系の出版社（データベース・エンジニア）、ＩＴ関連・広告業、音楽コンテンツのコンテンツ・プロバイダー＆サプライヤー、モバイルサイト、Ｗｅｂサイト・雑誌の自社媒体運営からポータルサイトへ音楽情報など各種デジタル・コンテンツの供給、採用コンサルティング、ベンチャー・キャピタル（ベンチャー・キャピタリスト）、広告代理業＆コンテンツ・キャスティング、パソコン・ソフトの教則映像の制作・販売（企画営業）、**３ＤのＣＡＤ**ソフトウエア会社、会社自体はインフラ中心の**SIer（エスアイヤー）**ですが、私はもっぱらセキュリティに特化、携帯向けサイトの構築及びシステム開発、携帯のブラウザ・ソフト開発、テレビ放送事業・**ＶＯＤ**事業・イベント事業（映画・コンサート等）、テレビ制作会社等々。

藤永氏はこの勉強会について、あくまでもリアルな勉強会が目的であるという姿勢を崩さない。ＧＲＥＥはそのための連絡・呼びかけツール、便利なサポート・システムにすぎないと話す。

広い意味で考えれば、主催者も参加者も自分だけではなく所属する会社・団体にも貢献するに違いない。

藤永氏についていえば、所属する会社はモバイル・コンテンツを主業務にするシンクウェアで、その中で彼は人材を中心として新規ビジネス関連に携わっている。だが、これはあくまでも会社からの要請ではなく、自分の判断で行動しているものだ。

その上で、会社が理解を示してくれて、毎週、六本木一丁目の六本木ファース

３ＤのＣＡＤ
援用設計とも呼ばれ、コンピューターを用いて設計をすること。あるいはコンピューターによる設計支援ツールのこと。立体をモニターなどの表示デバイスで３次元的に表示・操作するものを３次元ＣＡＤと呼ぶ（ＷＰ）。

SIer（エスアイヤー）
システム・インテグレーター。１９９０年代以後に登場した。システムの設計、開発、運用をワンストップで行うことを生業とする。ただし、各企業に得意不得意がある（ＷＰ）。

ＶＯＤ
ビデオ・オン・デマンド。ユーザーの見たいときにさまざまな映像コンテンツを配信するシステム（ＷＰ）。

トビルにある自社の会議室を貸してくれている。講師も趣旨に賛同して講演料を無料にしてくれている。したがって、参加費は無料なのだが、二次会の飲み会費用は割り勘だ。

こういう設定で、まったくお互いに関係のない人達が集まって勉強会を続けてみると意外な発見があると藤永氏は話す。少し早めに来て会議室の椅子などの設定をしてくれたり、簡単なお茶の用意をしてくれたり、配布資料の作成を手伝ってくれたり、最後には整理・整頓を手伝ってくれたりする人が現れた。

しかも、勉強中の質疑応答でも果敢に質問はするものの、全体に迷惑がかからないように気をつけたりする。変に斜に構えたりする人が徐々に減ってきた。もしかしたら、最近の会社内でやりにくい、人と人とのコミュニケーションのやり方をみんなが勉強しているかもしれないという。どうやらこの勉強会は、内容の勉強はもとより、リアルなコミュニケーションの勉強会にもなっている。

こうしてみるとこの場合、ネットはまったくの脇役だが、大事な役割を果たしてくれる。まずは、こうした専門家集団を容易に集めることができる。主催者の意気込みにもよるが、参加者の心構えをまとめることができる。レポートや報告の配信で情報の共有、確認が同時に全員に可能になる。そして、それをもとにネット上でも自由に参加者全員の意見交換ができるわけだ。

CGMプロモーションという新潮流

2006年9月20日午後8時、藤永氏の勉強会の拡大版が始まった。講師・コーディネーターに、第6章で触れたEAの松本拓也氏が登場、52名が集まった。東京・汐留にある企業が勉強会の趣旨に賛同、大きな会議室を提供してくれた。

テーマは「CGMプロモーション」で、実例の説明役としてその専門会社の営業1年生の女性が登場した。CGMは前にも触れたが、ブログに代表されるコンシューマーが創るメディア（Cosumer Generated Media）だ。これを広告メディアとして上手く使うビジネスを始めているわけだ。

そのビジネスの一例として紹介してくれたのが、同社が進めているBloMotion（ブロモーション）。広告クライアントから要請された商品、サービスを、自社が抱えるブロガーたちにさりげなく記事として書いてもらい、口コミ効果とＳＥＯ（Search Engine Optimization）効果を狙うというものだ。ブロガーたちは小額だが原稿料をいただける。

ＳＥＯというのは、グーグルなどで検索した場合に検索結果を上位に押し上げるよう最適化を行うという手法。この場合、多くのブロガーが執筆し、多くのリンクを張ることで、リンクの多いサイトが検索上位にくる。グーグルなどの検索アルゴリズムがリンク数を重要視して検索結果を出しているからだ。

勉強会では、ＳＥＯ効果は認めるが、本当に口コミ効果があるのかどうか、といった厳しい質問も出た。ではどうしたらいいのか。不思議なことに、勉強会が同社の支援をするにはどうしたらいいのか、社内会議のような状況になった。お互いに競合関係もあるが、共通の場を創り上げていきたいという気持ちが溢れている。

同社のブロガーはまだサービスを始めたばかりで何万人には至っていないというが、さらにこれを増やしていくこと、ブロガーの質を向上させていくこと、原稿の質で原稿料に変化を持たせること、などが提案された。そんな議論は午後10時からの二次会でも延々と続いた。先輩達の優しい厳しさに、説明役の営業1年生も一生忘れられない1日になったに違いない。

松本氏によれば、今回の勉強会で対象とした一般ブロガーを富士山の裾野にたとえれば、その山頂には世の中に大きな影響を与えているブロガーがいて、その山腹には中核となるブロガーが存在する。松本氏は山頂ブロガーをスーパー・インフルエンサー、山腹ブロガーをインフルエンサーと呼んでいる。

こうしたブロガーたちが今後、どのように世の中を動かしていくのか。また、広告メディアとして捉えた場合、どのようなプロモーションが考えられるのか。新たなビジネスの開拓はこれからだ。

ＳＮＳがＷｅｂ２・０の進展を促す

日本経済新聞２００６年8月23日付け夕刊は、米国のＳＮＳ利用者が２００６年６月に延べ１億４０００万人を突破したと報じている。トップを走るのはマイスペース・ドット・コムで、利用者は1年前の2000万人弱から5000万人に急進したという。

これに対して日本では、米国よりも一桁少ないのが現状だが、トップのｍｉｘｉは500万人を突破した。**ネットレイティングス**社の調査によれば、2006年6月に家庭からの月間閲覧数は国内2位の楽天を抜き、ヤフーについで2位に躍りでた。

ｍｉｘｉの月間閲覧数は、2006年3月には15億回だったが、同6月には25億回に急進し、その間、25億回前後に留まっていた楽天を一気に抜き去った。1位のヤフーに迫るにはまだ時間がかかるが、最近、話題になっているのが、一人当たりの月間滞在時間。ｍｉｘｉは4時間28分とヤフーよりも1時間長い。このことが広告効果などに大きな影響を及ぼす。

ヤフーや楽天のビジネス・モデルは、オークションなど参加者同士のやり取りもあるが、やはり中心的なのはベンダーから利用者へという1対N（複数）の流れが中心だ。Ｗｅｂ２・０の意味するところはN対Nのやり取りであって、

ネットレイティングス
ネットレイティングス株式会社。インターネット利用者動向情報を提供する米国ネットレイティングス社の日本法人。

ここが大事なコンセプトだ。ネット企業には世代交代の波が押し寄せている。その意味では、SNS利用者が延べ1億4000万人を超えた米国は、Web2・0の大波が現実的に押し寄せてきていることが明確だ。日本より2年は進んでいるといわれるゆえんだ。すでにWeb2・0と呼べるサイト、サービスが現実のものとなっている。日本国内では、本書の名の通り、「Web2・0の鼓動」が高まっているというのが現状だ。

ビジネスのサポート、マーケティングにも使えそう

話は再び、GREEに戻る。GREEの中で「よこちゃん」こと横井裕之さんが「グルメ☆フードアナリストと予備軍の会」を主宰している。なにやらお祭りのようににぎわっている。その実態を知りたくなり、メールで面会を申し込んだ。どうしてもネットだけの付き合いはなにやら不安になるからだ。

ネットで知り合った人に会いに行くのは、ちょっと不思議な感じだ。リアルな社会での誰かの紹介でもないし、ネットでの会話だけだから、相手は仮面をか

ぶっている人かもしれない。ただし今回の場合、横井さんはGREEでもかなりご自分の実態をさらけ出しているので、その点では安心ではあった。

横井さんは、**日本フードアナリスト協会**という団体を主宰している。そのことはGREEでも公表している。むしろ、GREEを上手いマーケティングの手段に使っているように見えた。

同協会は、レストランの格付けをするために必要な「フードアナリスト」という資格者養成を担当している。資格者が実際にレストランで食べて、評価して、フードアナリスト・レポートを作成する。その複数のレポートで、レストランを「一つ星」から「五つ星」まで格付けするのだそうだ。

その関連で、横井さんは**アテナイオス**株式会社の社長も兼任している。同社が、複数のフードアナリストによるレポートを基に、レストラン、料理店、飲食店の格付けをする機関ということになるのだそうだ。

それにしても横井さん、ネットの使い方が上手い。こうした仕組みをすべてG

日本フードアナリスト協会
食・食空間を評価・分析する専門家を教育、資格を認定する団体。

アテナイオス
アテナイオス株式会社。フードアナリスト資格検定試験および資格認定推進業務、飲食店に関する評価および格付け業務などを行っている企業。

REEで公表している。公表することによって横井さんのビジネスを理解して、GREE内の口コミでその輪を広げていく。ビジネス、マーケティングにも使えるコミュニティであることも実感した。

GREEの場を使ってビジネスを展開するのは、一応、禁止されている。しかし、実際はビジネスと思われるものも多い。横井さんによれば、GREEにとってみれば、より多くの人に使ってもらうことの方が優先ではないかという。この辺のことは、GREEとしての考え方をしっかり示す必要がある。

ネットでは自分の足跡を残す

横井さんに会う前に、GREEの中をあちこち散歩してみたが、どうもまだよくわからない。何度か実験的に自分の日記を載せてみたが、ほとんど反応がない。そんなことで戸惑う人も多いはずだ。

自分のサイトへの反応がないことについて、横井さんが明解に教えてくれた。

「自分のサイトへの反応がないのは、自分が他人のサイトを見に行かないからですよ」
「まず、自分から、見てほしい人のサイトを見に行く」
「そうすると、その足跡が残るでしょ」
「見られた人は、見に来てくれた人は誰かと逆に見に来てくれるわけですよ」
「そうやって、見に来てくれる人が増えてくるんです」

確かにその通りだ。掲示板ではないのだから、自分が行動を起こさないと認知されない。初期は人海戦術が必要というわけだ。自分に何か目的があり、それで活動するなら、まずは自分がせっせと動かなくてはならない。

行動してみると、なかなか面白い。誰でも新しい「コミュニティ」を作りたくなるに違いない。

私ならさしずめ、よく行く「○○レストラン、ファンの会」「60歳になって人生を考える会」「寿司屋を禁煙にする会」「ネットトラブル連絡網」「ホームページ論評会」「50歳からの異業種交流会」「馬刺しのフィレ肉を食する会」「(尊敬する) ○○さん塾」。きりなくアイディアが涌いてくる。

コミュニティ作りが大事になる

毎日、深夜でも早朝でも続々と届くメルマガ。最近はタイトルだけで判断して、そのほとんどは内容を読まずに削除している。毎日、押し寄せるウイスル・メールを削除するのと同様、毎日、マイナスの作業をしている。不要なメルマガを中止すればいいのだが、なんとなくやめられないでいる人も多いはずだ。旧来の一方的なメルマガに異変が起こる気がしてならない。

これまで、ネットビジネスはマスを相手にすることで、ビジネス・モデルが成り立つことが多かった。しかしここにきて、そうではなく、実質的な小さなコミュニティを大事にするビジネス・モデルが必要になってきた。

例えば、社内のコミュニティであるＩｎＢ（イン・ビジネス）、会社間のコミュニティであるＢｔｏＢ（ビジネス・ツー・ビジネス）、会社と顧客とのコミュニティであるＢｔｏＣ（ビジネス・ツー・カスタマー）。いずれも、そうした仕組み作りが大事になってきた。

これはビジネスではないと思うが、ＧＲＥＥの中にコーヒー専門店の「**スターバックス**」というコミュニティがある。おそらく、スターバックス・ファンクラブみたいなコミュニティであろう。お店のロゴもそのまま使っている。驚いたことに、そのコミュニティに、なんと２９５５人もが参加している。

「実はわたし、コーヒーが苦手なんですが、スターバックスが好きなんです」とか「この頃、スタバに飽きちゃった。何か美味しいものがないか、裏技を教えて」なんて書き込みが入ると、みんなが一斉に返事をくれる。日本からばかりではなく、米国やアジアからの書き込みも目立つ。Ｎ対Ｎの集団の知恵がはたらいている。

これがもしも、スターバックス本体が仕掛けていたとしたら、上手いプロモーションの一つだと思うかもしれない。だが、そこが極めて重要だ。もしも、スターバックス本体が仕掛けていたとして、それがわかったとしたら、参加者は一斉に非難して引くだろう。参加者は「フラットで透明」であることを好むからだ。

スターバックス
世界規模で展開する米国のコーヒーチェーン店。２００５年現在、世界30カ国に展開しており、日本には１９９６年に第１号店を出店した（ＷＰ）。

スターバックスが仕掛けるとしても、そんなコミュニティを作るかもしれない強烈なスターバックスファンを作るところまでだ。それが、口コミ・プロモーションで議論になる「コアターゲットの調教」だろう。

「日本語」のアドレスでホームページを開きたい

少し前、私はこんなことを考えた。ある本の記述の中で、長々と、あるインターネットのサイトを見た時だ。英数字がこんなに並んでいては、そのアドレスをパソコンに打ち込む気力もうせる。これを日本語にすることはできないものか。

パソコンの画面で紹介されているサイト（アドレス）は、そのほとんどがそのサイトに飛ぶようにリンクされている。マイクロソフトの日本語作成用（ワードプロセッサ）の「ワード」なら、httpと打った瞬間に、これはインターネット上のアドレスだろうと想定して勝手にそのアドレスに飛べるようにリンクしてくれる。

私たちが日常使っている電子メールも同様だ。メールの文章を書いている時に「ワード」と同じような作業をパソコンが勝手にしてくれる。たぶん、その裏で働いてくれているワードプロセッサがその機能をもっているからだろう。しかも、リンクされているのを知らせるためにその部分の色が変わる。色の変わった部分をクリックすれば、即座にそのサイトに飛べる。

ところが、どこかに書かれてあるサイトを見にいくことはめったにない。単行本や雑誌の記事などでは、出典とか参考文献の証明であったりとか、目的が違うといえば違うのだが。

では、屋外広告ではどうか。最近はバスの車体広告や電車の中、駅のホームの中、街中の屋外広告でもアドレス（ＷｅｂサイトではＵＲＬという）を盛んに宣伝するようになった。そんな宣伝をしても、こんなに長い英数字をいちいち打ち込むだろうか。はなはだ疑問だ。ほとんどの人はアクセスしてくれないだろう。

ならば、それが全部、日本語だったらどうだろう。たとえば、ソリックの場合は比較的短いのだが以下のようになる。

http://www.soriq.jp

これを単純に「ソリック」だけにできたらどうだろうか。

広告では、ここにアクセスしてください。アドレスはｅ「ソリック」ですと。「ｅ」はマイクロソフトの場合の、アドレスを打ち込むアドレスのマーク（インターネット・エクスプローラのマーク）だ。ネットスケープならｎ「ソリック」でもいい。とにかく、それぞれが使っているインターネット表示用画面（ブラウザ）に付いているアドレス入力用バーに「ソリック」と打てばいいのだ。

それが可能になったらどんなに便利なことか。紙媒体のほか、バスや電車、屋外広告でも、ｅソリックへどうぞとできる。もちろん、ｅ明治チョコレートでもｅキリン円熟でもｅアサヒ35でもいい。

「ただいま、10万円が当たるキャンペーンを実施中。詳しくはｅキリン円熟へ」とできる。これぞ、インターネットの完全日本語化ではないか。マーケティングの大革命になるはずだ。

日本語の「お名前・ｃｏｍ」のことは知っていた。日本語のアドレスでも登録が可能になったわけだ。だが、それとこれとではぜんぜん違う。日本語の「お名前」の後に、・ｃｏｍとか、・ｊｐとか、・ｎｅｔとか、この部分はドメインと呼ぶのだが、やたらと延々つづく。

たくさんある上に、もう一つだめな理由は、日本語と英語が混在していることにある。利用者はまず日本語で打った後に、入力モードを英数字に切り替えてからドメインを入力しなければならない。わずかなこととはいえ、極めて面倒な作業だ。

「日本語だけで」も使われだした

「日本語だけ」というネットのアドレス表示。実は、そのサービスが存在していた。「ＪＷｏｒｄ」（ジェイワード）がそれだった。

利用するパソコンにはあらかじめ、専用ＪＷｏｒｄプラグイン（ソフト）をインストールする必要があるが、ＪＷｏｒｄに登録してある日本語をアドレスバーに入力するだけでそのサイトに飛ぶという仕組みだ。登録済みはすでに1万5000語に達しているとか。

しかも、専用ＪＷｏｒｄプラグインをインストール済みのパソコンは、日本中ですでに3000万台にも達しているという。ＮＥＣや富士通など国産パソコン・メーカー品や世界一を誇るデルのパソコンにも、出荷時にインストールされているからだ。ちなみに、コスト・パフォーマンスが抜群と言われて購入した私のパソコン「ｅマシーン」（米国の新規参入メーカー）にはインストールされていない。

ＪＷｏｒｄとは、ブラウザ上で入力されたキーワードから、それに関連付けられたＷｅｂサイトに直接アクセスできるようにするインターネット・サービスである。ＪＷｏｒｄ株式会社が運営している。

テレビCMでは、すでにアドレスではなく、「○○○○」で検索してね、とするのも多くなってきた。たとえば、SMAPが出演している芝浦アイランドケープタワーのCMでは、『「芝浦の島」で検索してください』とナレーションが入る。

また、富士通の「地底人は誰？」、NECの「Nを追え」、東京電力の「Switch」、OCNの「光体操」など、画面に表示が出る。テレビCMは、15秒と短いため、アドレスよりも、社名や商品名で覚えてもらうほうが効果的である。

しかしまだ、アドレスに日本語を直接打ち込むように宣伝するケースは少ない。すでに3000万台のパソコンがJWordソフトをプラグインされているとはいえ、すべてのパソコンがそうなっていない以上、直接打ち込むのではなく、「検索」してもらうほうが安全と考えているからだ。

「検索」するのなら、もともとそんなシステムはいらない。グーグルがしっかり検索してくれるから、と私は思う。90％以上のパソコンがプラグインされるようになれば「検索」が不要になるかも。その時にやっと、米国版インターネットの日本語化が一歩進むような気がする。

ＪＷｏｒｄはいくつか普及のための手を打っている。まずは、パッケージ・ソフトへのバンドル（ソフトの付加）だ。たとえば、セキュリティ・ソフトを中心にパソコン・ソフトの開発販売を行っているソースネクストの携帯電話メモリ編集ソフト「携快電話」をはじめ、アルプス社の「プロアトラスシリーズ」、アジェンダのはがき作成ソフト「宛名職人」などに入っている。

さらに同社は、２００６年4月から新しいサービス「同時検索タブ機能」も開始した。これは、Ｗｅｂ検索時に画面の下に「検索比較」「ニュース比較」「画像比較」など、ジャンルのタブが表示され、これをクリックすることで、一度入力したキーワードを再入力することなく、各ジャンル内の複数のサイトの検索結果を参照できるというもの。グーグルだけではなく、その他の検索ツールで検索できる。比較できるのも面白い試みだ。

「集団の知恵」が教えてくれる

「ポジティブ」「愛着」「強いインパクト」「広告」の世界ではこうした「強いコピー」が求められる。この業界では、確かにそういったコピー・テクニックが必要だ。

一方で消費者は、こうした「コピー」に接触した時、「広告」だからネガティブなことはすべて隠されている、と割り引いて受け取る。「だまされないぞ」という気持ちで「広告」を見る。

邪念を抱かせず、スーッと消費者の心に入り込んでいく。嫌味なく、素直に人の心に入り込む「コピー」とはどういうものだろう。どうやったら、消費者に近づけるのか。

このごろ私は、「本音」を出すことですね、という言い方をしている。ネットでの情報発信で得た確信だ。「どうしたらもっとサイトに来てもらえるのだろう」という質問に、「オープンに情報開示することですね」と答えている。

そのヒントは、少し前に米国で大ヒットとなった書籍『The Wisdom of Crowds』にある。その概念は、大多数の集団の知恵がもっとも正しく優れているということだ。少ない専門家の意見を集めるよりも、多数の集団の知恵を集めた方が、正しい判断ができる。

さまざまな選挙は、「集団の知恵」を活かす最もわかりやすい手段であろう。それはごく当然なことでもあった。しかしこのところ、このことに大きな影響を与えたのが、ネットの進展だ。ネット参加者が急増したことで、いとも簡単にその知恵を集められるようになった。

どのような宣伝をしようが、どのような広告をしようが、その商品やサービスの評価は、消費者の心の中にある。それが、ネットを通じてすぐに反映されるようになった。何かを隠そうとしても、何かを作ろうとしても、消費者の評価は、すぐにオープンになる。

そういうことを加味すると「作られた広告」ではなく、企業の商品、サービスの実態を極力オープンにすること。正直に情報を出すこと。私はそれが「もっとも効果的な広告」ではないかとこのごろ感じている。

企業の商品・サービス情報、消費者の評価などの実態について、外部の誰にでもわかるように透明度を上げていくこと。それが消費者の信頼を得て、ひいては宣伝価値を高めることにつながるのではないか。

「政治」でもネットが使われだした

宣伝といえば、政治の世界でもネットの利用が拡大している。別に肩をもつわけではないが、小泉政権になってからは、その流れが加速している。小泉政権をはじめとして政治家のネット利用も上手になってきた。

「国会議員とネット。以前に私がまとめたものよりはるかに大がかりで、価値あるサービスになっていると思います」とソリックのスタッフからメールがきた。「みんなの政治」というサイトだ。http://seiji.yahoo.co.jp/

実は1年ほど前、ソリックのスタッフに政治家のホームページを研究してもらっていた。こちらの仕事を先生方に売り込もうという魂胆《こんたん》があった。その時の調査やスタッフの採点では、概して自民党よりも民主党の国会議員の方が充実していた。

採点のための評価判断基準は、①見やすいデザインか、利用回線が遅くても閲覧に不自由はないか、②党および県連としての政策方針がきちんと説明されているか、③コンテンツ量は豊富か、④情報の更新頻度《ひんど》は極端に遅くないか、⑤双方向に配慮されているか、⑥その他目立った点、だった。

それでも先の衆議院議員選挙で自民党が圧勝したのだから、ホームページの力が選挙結果に直結しているわけでもない。だが、その前後の自民党のネット利用は目を見張るものがあった。

たとえば、マスコミならぬ**ブロガー**を多数、自民党に招いて懇談したり、小泉前首相の声が先導する「ライオンハート」というメルマガを毎週木曜日

ブロガー
一般的にブログを更新している人のことを指す。ブログ（blog）をする人（er）という意味からブロガー（blogger）という言葉になった（WP）。

に配信している。２００６年6月8日号が２３７号だから、小泉内閣が発足して間もなく始まったようだ。しかもその後、政府インターネットテレビ（http://nettv.gov-online.go.jp/）を配信している。番組のチャンネル数も多い。

だが、自由民主党議員のホームページのそれぞれはどうかというと、まだまだ遅れていることが多い。直接伺ってみると「いやいや、そちらはまったく弱くて。秘書に任せています」と話す。多くの日本企業の社長さんに似ている。

いかにネットが大事か、いかにコミュニティが大事か。その認識がまだ薄いようだ。少しでもいい。自らが発信することで、生々しい想いが伝わるような気がする。

視聴者提供の「米巨大放送局」、日本からも人気に

インターネット放送の話題が出たついでに、視聴者が作る放送局の話題に触れておきたい。提供者と利用者が同じネットの中にいるようになって、ジャーナリズムの世界も変わりつつある。利用者が情報、ニュースを発信するようにな

った。同じことが放送でも起こっている。

その例が、米国のビデオ共有サイト「**YouTube**」（youtube.com）だ。このサイトはＷｅｂ上で投稿されるビデオを、誰でも無料で見られるサービス。もともとは仲間の６人が自分達のビデオを共有しようと考えたのが始まりだという。個人のニーズ、仲間のニーズが全体のニーズを生む典型だ。

しかし、その後、著作権に問題がある違法映像が多く流されていることが判明、トラブルも発生している。原理的に難しい問題を抱えていることも事実だ。

ネットレイティングス社の発表によれば、このサイトの訪問者数は、２００５年12月から急速に増加し、２００６年３月には米国で７７６０万人に達し、日本からの訪問者も２１２万人に達した。同社は「全内容が英語で提供されているサイトとしては、異例に多い利用率である」とコメントしている。

同社の分析によれば、訪問者は若年層が多いのが特徴で、19歳以下が全体の37%を占めている。同サイトへ誘導する直前の参照サイト（流入元）をみると、

YouTube
２００５年２月に米カリフォルニア州で設立。ＣＥＯはチャド・ハーリー氏。Ｔｕｂｅは長らく使われてきたテレビのブラウン管を意味する。キャッチコピーはBroadcast Yourself.（あなた自身を配信せよ）。

ブログやｍｉｘｉなどのＳＮＳ、さらにフラッシュ専門ポータルサイトなどが上位に並んでいるという。

日記や投稿の口コミやリンク集などを通じて個別のビデオクリップが紹介されるため、サイトが英語であるかどうかを意識せずに訪問するケースが多いのではとも分析している。ただし、一人当たりの平均訪問頻度は３・２回（米国では２・７回）、一人当たり平均利用時間は約33分（同約24分）と、米国の利用状況と変わりがない。映像コンテンツの魅力に国境がないことを証明しているようだ。

鳥越編集長の市民新聞は成功するか

韓国で約４万２０００人の市民記者を集めて人気のある「OhmyNews（オーマイニュース）」の日本版（http://www.ohmynews.co.jp/）が２００６年8月28日に創刊された。初代編集長はジャーナリストの鳥越俊太郎氏。少し前から、市民記者の登録を呼びかけていた。

韓国のOhmyNewsは、「すべての市民は記者である」をコンセプトとして、2002年2月にスタートした。市民記者が書いた記事は、さまざまなブログのほか、OhmyNews以外のポータルサイトなどでも取り上げられる。

この結果、話題が集中すれば、インターネット以外の既存メディアが紹介するようになる。1人の市民記者が、OhmyNewsを通じてマスメディア機能を果たすようになるという仕組み。わずかな原稿料しか支払われないが、それ以上の喜びがあるはずだという考え方だ。

代表のオ・ヨンホ氏によれば、日本版でも4万人の市民記者を目標にしているという。韓国と日本ではとかくナショナリズムの議論が高まるだけに、上手くいくかどうか少し心配な面もあるが、変なコントロールをしないのが、Web2・0的だ。

これまでにも、「市民参加型ニュース」としては、JANJAN（http://www.janjan.jp/）、ライブドアPJ（http://news.livedoor.com/）などのサイトが存在しているが、まだまだ社会現象になるまでには至っていない。

いずれも、要は良質な記事を提供できるかどうかにかかっている。記者という職業はそれなりの訓練が必要だからだ。ただし、ニュース源については「集団の知恵」にはかなわない。「最初のきっかけは市民ニュース、その後のフォローは職業記者」ということが多くなるかもしれない。

もう一方の流れとして、既存の記事に対して読者が意見を書いたり、読者ブログをリンクさせたりという動きが活発化している。日経ＢＰ社の各種ネットニュースやCNET Japanなどが、そのいい例だ。最近は、新聞社にもその流れが出てきている。新聞界の中でもお堅いと思っていた産経新聞が、同社の「イザ」というニュース・サイト（http://www.iza.ne.jp/）で読者や記者のブログとリンクしている。日本の新聞社にもＷｅｂ２・０の流れが浸透してきた。

自己表現市場が広がる

テレビ東京の人気番組「ＷＢＳ」（ワールド・ビジネス・サテライト）は２００６年5月20日、「ネットが加速する自己表現市場」を特集していた。事例として紹介されていたのが、ある人が集めた昔の黒電話や、ビジネスバッグぐらいの大きさの初期の携帯電話などを趣味で収集していたものなど。ネットを通じて、同じような趣味の人が意外と多いことがわかり、個々の要望に沿ったネット・オークションが盛んなのだという。

最近はこうした古物も価格が上昇し、手に入りにくくなったという。存在が少ないレア物を手に入れたいという趣味人は多いはず。買い手であったネット利用者が切り拓く市場だ。極めて少ないニーズだが、極めて広いネットには欲しがる人がいる。アマゾンが発見した「ロングテール」市場だ。ネット上で紹介できる本が極めて多いことから、1年に数冊しか売れない本でも、全体では大きなマーケットになる。「恐竜の尾」の部分にたとえて、そう呼ばれている。

GMOインターネットのサービスの一例に、誰でも簡単に参加できるブログとショッピングカートの仕組みがある。ブログは日記式の情報発信で、ショッピングカートはネット販売の仕組みだ。メールを打つぐらいの感覚でブログを利用したり、ネット販売が可能だという。

ブログを開設するサービスには、無料とプチ（月額３６７円）とプロ（月額９９７円）の３種類がある。いずれもテキストのほか、動画、静止画を掲載できるが、料金によって容量が異なる。この程度の料金で、世界に発信できる。すでに80万人がこのブログを利用しているという。

ショッピングカートは無料、月額１０００円、月額３０００円、月額１万円の４種類がある。料金の違いはシステムの規模による。これもすでに２００６年６月現在で、６万人の開設申し込みがあり、すでに２万人が店開きをしているという。自分の不用品をブログで書き、それをリンクしてネット販売ができるわけだ。

２０００年初頭に、楽天の三木谷社長に取材した際、彼はこう話した。「わずか月額５万円で東京・銀座のような一流の場所に出店できるようなものなんです」。なんとも安いと、そう感じた。それが楽天の「売り」だった。楽天には、出店が相次いだ。楽天に出店した「美味しい鶏卵」がヒットしたのも、その頃だ。

あれから6年。今、月に1000円ぐらいで、自分ブランドのお店が持てる。しかも、関連のブログを持てば、検索に引っかかってくる。それで自分の品物が買ってもらえる。珍しい「お宝」が流通しやすくなるはずだ。

定年のない時代がやってくる

ネットの進展によって、これからは実質的に「定年」はなくなるだろうと、私は思っている。誰にだって定年までの「スキル」「ノウハウ」「人脈」があり、その幾分かを活かせばいいからだ。

その「スキル」「ノウハウ」「人脈」をネットで披露できれば、それを求める誰かがきっと見つかる。それも一つのロングテールの原理に基づく。場合によっては、同じような「スキル」「ノウハウ」を持つ他の人とのコラボレーションの可能性もある。

知り合いに、現役を引退した日本料理の調理人がいる。食材の知識、料理方法、「旬」に対する考え方、産地、地方での食し方、食材の見分け方、食材の組み合わせ方などなど、素晴らしい知識、知恵を持っている。ネットを通じれば、その知識、知恵が欲しいという人は必ずいるはずだ。

「私にはそんな知識も知恵もない」などと、自分の過去の蓄積を過少に考える必要はまったくない。どんな小さなことでも、それを必要とする人はどこかにいるに違いない。例えば、現役の時の知識、知恵を提供することで、現役時の給与のわずか1％を受け取るとしたらどうだろう。それを必要とする人が全世界で100人いれば、現役の時と同じ収入を得ることになる。

つまり、それまでは1カ所に100の力を投じていたが、これからは100カ所に1の力を発揮すればいい。ネットを活用することで、そういうことが可能になる。とにかく、ネットに自分の「スキル」「ノウハウ」などをさらけ出すことが必要だ。会社勤めとしての本業を引退したら、今度はコーチングとして力を発揮したらいい。

いずれも、ネットを使えば便利だ。ネットだけで他人の役に立つことができることもあれば、ネットを通じて呼びかけて知り合いになり、リアルの世界で仕事をお手伝いするということも考えられる。もちろん、仕事でのつながりのほか、趣味でもボランティア活動でも同様だ。私は、それを「定年のない人生」と呼んでいる。

「なんでも目利きネットワーク」はどうか

定年になっていてもいなくても、とりわけＩＴ業界では個人の「スキル」や「ノウハウ」が活きるのではないか。従来のＳＥ（システム・エンジニア）は、個々の仕事案件に対して、個々の別システムを作り込んできた。それによって彼らは自分達の実力を競い、その力を「売り」にしていた。

それが今、状況が一変してきた。オープン化が進み、システムを作る道具立てとしてのソフトが、まるで日用品のごとくコモディティ化し、その多くが無料ソフトとしてネットに転がっている。

ただし、気を付けねばならないことが二つある。一つは、無料で転がっているソフトの多くは個人向けであり、企業が商売として使うことになると、有料になることが多いことだ。もう一つは、ネットに存在する無料ソフトは「玉石混淆《ぎょくせきこんこう》」だということだ。

そこで、ＳＥの「目利き」が必要になる。ネットにある「玉石混淆」ソフトから宝物ソフトを選んでシステムを構築したり、あるいは選んだソフトそのものを必要な人や企業に提供したり、サポートすることも大きな仕事になる。「目利き」商売が表舞台に立つべきだろう。求められるのは、その「目利き」の確かさだ。

こうした「目利き」はどんな分野にでもますます必要になる。どんな仕事、どんな趣味でも、確かな「目利き」のニーズは高くなるはずだ。テレビ東京の人気番組に「なんでも鑑定団」があるが、私はネット上に「なんでも目利きネットワーク」でも立ち上げたい気分だ。

コーポラティブハウスを建設する

こんなところにもネットの利用が進み、ネット・ビジネスの考え方が浸透してきたのかと感心したのが「コーポラティブハウス」だ。ＮＨＫ総合テレビが朝9時の番組で取り上げていた。

「こんなマンションに住みたい」ということで意気投合した数人や数十人の仲間が、共同で進める建設方式だ。

私はすぐに、ネットによる「集団の知恵」を連想した。ネットで呼びかけたら、きっと自分らの趣味に合う仲間が見つかりやすいに違いない。なにより、集団の中には知恵者もいて、それが活かされる。しかも、あらかじめネットやリアルのミーティングを通じて、しっかりと打ち合わせができる。たぶん、その流れはこういうことだろう。

発案者がどこでどのようなマンションを作りたいと「たたき台」をネットで示す。

参加希望者を募って、仲間を決定したのち、「建設組合」を作る。

次に、自分達で土地を探し、規模も決める。

自分達の趣味の合うマンションの概要をまとめる。

コンペで建設会社を決める。そして建設へ。

少々時間がかかるが、通常のマンションにかかる宣伝費とか営業費がかからない。

「イメージ通りのマンションだ」「建設前から仲間達が仲良くなって、素晴らしいコミュニティの中で住んでいる」「子育てにも協力してもらって、まるで家族、親戚付き合いみたい」と経験者がテレビのインタビューに応えていた。

ネットで育まれた集団の知恵、コミュニティの考え方が、こうしたリアルな生活にも浸透してきた。第5章で製品、サービスの開発に先端ユーザーが参加する「イノベーションの民主化」の話にふれたが、ここにもそれに通じる流れがある。

「情報操作」にどう対処するか

リアルの世界と同様に、ネットの世界でも多くの犯罪が生じてきた。顔が見えない世界であるだけに、他人をだましたり、「悪意」が横行する可能性は高い。

グーグルは、使用者の「善意」を前提として構築されているため、悪意の誤誘導をされる危険性が否定できない。それを防ぐには、ユーザー側がしっかりとした知識を持ち、かつ組織的に対応しなくてはならないようになってきた。

昔の情報通信には、通信の中身をいじってはいけないという考え方があった。この考え方が、ネット時代になって混乱している。

ある情報を通信手段で移動させる際、移動を担当する通信事業者は、中身を覗いてはいけないし、覗いたとしても他人に漏らしてはいけない。それは法律で守られていた。

ところが、通信事業者の定義が広がり、利用者から「この情報を検索して届けて欲しい」という要求が出た時、検索に手心を加える可能性がある。たとえば、ヤフーなどでは、自社を攻撃する内容のものは絶対出てこないといわれている。

ある経済評論家の場合、自分の名前で検索すると、自分が書いた記事よりも自分への批判サイトが一番上に来るようになってしまう。これは、この批判サイトへのリンクが1900もあるためだという。検索アルゴリズム（検索の仕組み、仕方）がリンク数を優先しているからだ。

ひょっとしてこれからは、ネットにはつながっているものの、検索には引っかからないサイトについて考える必要も出てくるかもしれない。非公開の情報ほど価値が出てくるということになるかもしれない。時として、そういう発想も必要になる。

多くの人は「自分の存在理由」を「自分の知識」に求めることが多い。ネットは、人々のこうした心境につけこみやすい。悪意を持った情報操作をしやすい。そこに、かなりの「危険」をはらんでいる。

日本経済新聞2006年5月15日号によれば、米スタンフォード大学のローレンス・レッシグ教授は記者の質問に、「ネットは自由にあらず。むしろ、政府による規制や監視が導入しやすい」と、その危険性を訴えている。政府と企業の利害が一致すれば、ネットを自由に規制することができるようになるからだ。

これは、極めて憂慮すべき問題だ。私は今後、ネット利用が「非公開」「プライバシー」「ネット犯罪」「セキュリティ」「情報操作」などの大問題にぶつかり、それらを解決するために「Ｗｅｂ３・０」の世界が拓けるのではないかと考えている。

あとがき

『ウェブ進化論』（梅田望夫著）が出版されたとき、本文にも出てくる石塚朝生氏からメールがきた。

「狙っていた本が出てしまったね」

「やれやれ。やられたね。こんな本を書きたい、作りたい、と話していたのにね」

そんな話を、私も参加する50人ほどのメーリングリストに流した。情報化社会観察の「情報通信ジャーナリズム研究会」（略称ＳＪＩＣ）である。それが、風雲舎の山平松生社長の目にとまり、執筆の話はとんとん拍子で進んだ。

「二番煎《せん》じではつまらない。それに、出す意義のあるものを」

山平さんの厳しい質問にしっかり応えなければならなかった。

「35年、この世界を見てきて、こんなに興奮する時はなかった」

「何がどう変わるのか。どんな革命が起きているのか」

「その正体は？　本質は？　どんな社会を切り拓いてくれるのか？」

「Ｗｅｂ２・０、利用者主体、フリー、フラット、ＳＮＳ、ｍｉｘｉ、ＧＲＥＥ」

「透明、技術革新、ビジネス・モデル、ＣｔｏＣ、ＰｔｏＰ、ブログ、検索、グーグル」

「新自由主義、新社会主義、個人主義、コミュニティ、共同作業、口コミ」

「個人の主張、協調、賛同、ネット広告、メルマガ、クロスメディア」

キーワードが次々に浮かび、早く書きたくて仕方なかった。


ネットの進化形であるＷｅｂ２・０が、何を拓いているのか。時代を振り返り、その流れを整理してみると、見えてくるものがあった。

もはやネットなくして、私たちの生活は考えられない。そのことを、より多くの人たちに伝えたい。それには、よりやさしく、よりやさしく。そんなことを心がけながら、執筆を楽しんだ。執筆を続けながら、自分自身もいくつか刺激的な発見もあった。さまざまな友達とのやり取りの中から、原稿の素材を発見することにもなった。

執筆を楽しんだとはいえ、久しぶりの執筆でもあり、１冊を仕上げるのはそうたやすいことではない。本文に登場する、日経ＢＰ社の石塚朝生氏をはじめ、多くの現役、先輩から貴重な情報と暖かい励ましをいただいた。とりわけ、６年半前の『ビットバレーの鼓動』の名付け親であり、当時、一緒になって編集・発行に取り組んでくださった尾林賢治氏（早稲田ビジネススクール・レビュー編集主幹）には、ここに至ってもなお最新情報を届けてくださり、今回の出版にも多大なご支援をいただいた。

また、本書執筆の直接的なきっかけになったＳＪＩＣの皆さんには、貴重な情報、アドバイスを頂戴し、勉強させていただいた。また、坂本直樹君をはじめ、ソリックスタッフにはさまざまなサポートをいただいた。そうした多くの皆さんに、厚くお礼を申し上げる。

２００６年10月９日

荒井　久

荒井　久（あらい・ひさし）

1945年長野県生まれ。東京電機大学電子工学科卒。68年日本経済新聞社入社。71年日経マグロウヒル社（現・日経ＢＰ社）に移り、「日経エレクトロニクス」「日経コンピュータ」記者を経て「日経ニューメディア」編集長「日経コミュニケーション」編集長などを歴任。2002年株式会社ソリック（www.soriq.jp）を設立。代表取締役。著書に『コンピュータ・テレフォニ』『ビットバレーの鼓動』『モバイル・インターネットの鼓動』『2010年モバイル進化論』など。電子メール arai@soriq.jp

Web2・0の鼓動《こどう》

初刷　2006年10月25日

著者　荒《あら》井《い》久《ひさし》

発行人　山平松生

発行所　株式会社　風雲舎

〒162－0805　東京都新宿区矢来町122　矢来第二ビル
電話　〇三－三二六九－一五一五（代）
注文専用　〇一二〇－三六六－五一五
ＦＡＸ　〇三－三二六九－一六〇六
振替　〇〇一六〇－一－七二七七六
URL　http://www.fuun-sha.co.jp/
E-mail　mail@fuun-sha.co.jp

印刷　真生印刷株式会社

製本　株式会社　難波製本

ISBN4-938939-44-4